Auf heile Berge nur
lohnt es sich zu steigen.

REINHOLD MESSNER

BERG HEIL
HEILE BERGE?
RETTET DIE ALPEN

BLV

»Wenn die Menschen einen
einzigen Schritt vorwärts tun
wollen zur Beherrschung der
Natur durch die Kunst der
Organisation und Technik,
müssen sie vorher drei Schritte
der ethischen Vertiefung
nach innen gehen.«
NOVALIS

Inhalt

Die Deutsche Bibliothek – CIP-Einheitsaufnahme

Berg Heil – heile Berge? : rettet die Alpen / Reinhold Messner. – München ; Wien ; Zürich : BLV, 1997
ISBN 3-405-15250-X

Bildnachweis

Ansel Adams: S. 138/139
Air Zermatt: S. 93
Gianni Bodini: S. 14/15, 16/17, 18/19, 29, 97, 108/109, 110/111, 116/117, 118/119
Ruth Ennemoser: S. 52/53
Horst Fankhauser: S. 54/55, 58/59, 62/63
Markus Holzer: S. 28, 100/101, 172
Nasuh Mahruki: S. 174/175
Jim McCarthy: S. 179
Konrad Renzler: S. 84
Vittorio Sella: S. 39, 41, 82, 86, 89, 92, 135, 180, 188/189
Jakob Tappeiner: S. 145
Wieser Foto: S. 152/153, Umschlagrückseite
Jürgen Winkler: S. 12/13, 20/21, 22/23, 24/25, 114/115
Hiroshi Yashima: S. 68/69
Heinz Zak: S. 74/75, 128
Alle übrigen Abbildungen sind dem Archiv von Reinhold Messner entnommen, der Fotografen und Zitatgebern für zur Verfügung gestelltes Material dankt. Alle nicht namentlich gekennzeichneten Beiträge stammen vom Autor.

Umschlaggestaltung: Graf & Fraunholz Reprotechnik, Augsburg, unter Verwendung eines Gemäldes von Franz Leander Neubauer

Lektorat: Karin Steinbach
Layout: VerlagsService Dr. Helmut Neuberger & Karl Schaumann GmbH, Heimstetten
Herstellung: Friedrich Wilhelm Bonhagen

© BLV Verlagsgesellschaft mbH
München Wien Zürich
80797 München

Satz: VerlagsService Dr. Helmut Neuberger & Karl Schaumann GmbH, Heimstetten
Lithos: Fotolito Longo, Frangart
Druck und Bindung: Neue Stalling, Oldenburg

Gedruckt auf chlorfrei gebleichtem Papier

Printed in Germany · ISBN 3-405-15250-X

Zu den Bildern auf den vorhergehenden Seiten:

S. 1: Matterhorn von Zermatt, Schweiz
S. 2/3: Montblanc von Süden, Italien
S. 4/5: Gletscherwanderer unter dem Matterhorn, Schweiz

Empfehlenswerte Literatur zum Thema:

Bätzing, Werner: Die Alpen. Entstehung und Gefährdung einer europäischen Kulturlandschaft. Beck Verlag, München 1991
Bätzing, Werner: Kleines Alpen-Lexikon: Umwelt – Wirtschaft – Kultur. Beck Verlag, München 1997
Bätzing, Werner/Paul Messerli/Mario F. Broggi u. a.: Die Alpen im Europa der neunziger Jahre. Ein ökologisch gefährdeter Raum im Zentrum Europas zwischen Eigenständigkeit und Abhängigkeit. Arbeitsgemeinschaft Geographica Bernensia, Bern 1991
Bätzing, Werner/Heinz Wanner (Hg.): Nachhaltige Naturnutzung. Im Spannungsfeld zwischen komplexer Naturdynamik und gesellschaftlicher Komplexität. Arbeitsgemeinschaft Geographica Bernensia, Bern 1994
Bölsche, Jochen u. a.: Natur ohne Schutz. Rowohlt, Reinbek 1982
Bodini, Gianni: Die Alpen – Nach Gebrauch wegwerfen. Edition Löwenzahn, Innsbruck 1996
Devivere, Beate von: Das letzte Paradies. Fischer Taschenbuch Verlag, Frankfurt/Main 1984
Europäische Akademie Bozen, Fachbereich »Alpine Umwelt«: Landwirtschaft im Alpenraum – unverzichtbar oder zukunftslos? Eine alpenweite Bilanz der aktuellen Probleme und der möglichen Lösungen. Blackwell, Berlin 1996
Fritsche, Uwe u. a.: Rettung für den Wald. Fischer Taschenbuch Verlag, Frankfurt/Main 1984
Glück, Alois/Werner Bätzing u. a.: Schützt die Alpen! Verlag Bonn aktuell, Bonn 1991
Luger Kurt/Karin Inmann (Hg.): Verreiste Berge. Kultur und Tourismus im Hochgebirge. StudienVerlag, Innsbruck 1995
Marchner, Günther: Bis an die Wurzeln. Pro Vita Alpina. StudienVerlag, Innsbruck 1993
Meister, Georg: Schutzwälder der Alpen. Verein zum Schutz der Bergwelt, 1992
Naturfreunde International (Hg.): Grünbuch Alpen: Die Alpen – Prüfstein Europas. Wien 1996
Speer, F.: Der Bergwald stirbt. Deutscher Alpenverein, München 1985
Stecher, Reinhold u. a.: Lebensraum Alpen. Österreichischer Alpenverein, Innsbruck 1981

Nicht »Berg Heil«, »Heile Berge« sei unser Gruß

Mit dem »Berg Heil« hatte ich von Anfang an meine Probleme. Seit ich als Kind in den Dolomiten herumsteige, sträubt sich etwas in mir, wenn ich mit »Berg Heil« begrüßt werde. In Südtirol erwidere ich vielleicht mit einem »Grüß Gott«, in Nepal mit »Namasdé« (»Gruß an das Göttliche im Gegenüber«), in Tibet mit »Tashi delek« (»Glück und Frieden«). Obwohl nicht eindeutig feststeht, welche Werte mit dem altehrwürdigen »Berg Heil« verbunden sind, kann ich mich nicht mit all den Klischees identifizieren, mit denen sich jene Berg-Heil-Gesellschaft als eine Art Adel schmückt.

Vor 25 Jahren stellte ich das Hinaufsteigen als Gegenpol zum Untensein dar und war einmal all den Idealen verpflichtet, die das Bergsteigen ausfüllten. Hier die Berge – dort die Stadt. Hier Freiheit, Weite, Stille – dort Begrenzung, Enge, Lärm. Schwarzweißmalerei.

»Unsere Welt ist programmiert, berechnet sind alle Möglichkeiten des kommenden Tages«, schrieb ich damals. »Für jedes Risiko ist man versichert. Gewißheit, daß alles nur so und nicht anders verlaufen kann – ich ertrage sie nicht. Ich bin Techniker und habe nichts gegen Eisenbeton, nichts gegen Asphaltstraßen und hohe Gerüste im Dienste der Menschen. Doch Mensch bin ich dort, wo die Welt ist, wie sie immer war.«

Inzwischen bin ich Realist genug, um zu erkennen, daß sich die Stadtkultur ins Gebirge ausbreitet, immer weiter hinauf, immer weiter hinein. Geheilt von den vielen romantischen Vorstellungen, die das Bergsteigen fast zwei Jahrhunderte lang geprägt haben, verfolge ich zwar immer noch meine Ideen, eine idealistische Geisteshaltung aber trägt mich nicht, sowenig wie mich die Kritik jener Fundamentalisten beschämt, die aus der Perspektive des Stubenhockers das Leben selbst verhindern möchten. Meine Pläne, die ich hatte, sind realisiert. Und für die Pläne, die ich nicht hatte, reichen Energie und Zeit auch im Alter. Nein, ich bin nicht müde geworden, nur Pragmatiker.

Die einzigen Berge, auf die zu steigen sich lohnt, sind heile Berge.

**Welches meine Pläne sind
für die Zukunft
– und auch jetzt – ,
wollen die Zeitungsmacher
wissen.
Keine.
Der Fahrplan ist schon gemacht.
Den Plan für mein Haus
ersinnt ein Architekt,
oder er zeichnet ihn ab.
Den Berufsplan
haben andere für mich gemacht.
Der Computer
errechnet den Stundenplan,
ich brauche ihn nur einzuhalten.
Der Studienplan
ist vorgeschrieben,
so und nicht anders.
Der Finanzierungsplan
steht meistens am Schluß.
Deshalb kommt er für mich
noch nicht in Frage.
Gegen jeden Arbeitsplan
liege ich auf einer Almwiese,
lächle über den Zeitplan
eines vorübergehenden
Wanderers
und kitzle mich
mit einem Grashalm
an der Nase.**

Alle singen es,
das Lied
von den zu rettenden Alpen,
Hoteliers und Hüttenwirte,
Bergführer und Bergbahnbetreiber,
Schneekanoniere und Skilehrer.

Regelmäßig wie die Kirchenglocken
rufen Naturschützer
zur ökologischen Besinnung.

Vereint im Edelweiß-Verein,
dem Himmel näher als der Erde,
jodeln vor allem wir Naturnützer
von den schnöden Geschäften
der Spezies Mensch.
Von der erhöhten Position
des Gipfels,
zwischen Hütte und Abgrund,
schauen wir angeekelt
auf den Müll dieser Welt.

Die Schuld an Verkehrslasten,
Lärm, Erosion, Dreck
haben jedenfalls die anderen.

Hat das Geschäft
mit dem Tourismus
samt Heli-Skiing, Schluchting,
Schneekanonen
mit uns wirklich nichts zu tun?

Wenn die Talböden zugeparkt
und die Hütten ausgebucht sind,
ist Alpenglühen.
Auch bei trübem Wetter.

Wie schallt's von der Höh'?
»Wir sind nur Gäste
auf dieser Erde,
die Berge aber sind unser
Zuhause.«

Seilbahnstation am
Monte Rosa, Italien

Bergbauer im Villnößtal, Dolomiten, Südtirol

»Seit Ötzis Zeiten, also seit rund fünf Jahrtausenden oder mehr, hat sich der Mensch ... die Alpen erobert, nutzbar gemacht, für seine Zwecke verändert. Der Bergwald ..., der manchem nichtsahnenden Wanderer so eindrucksvoll ursprünglich erscheint, ist Menschenwerk, und auch jenseits der Baumgrenze, für die Welt der Almen, gilt ähnliches. Sehr schön symbolisiert diese Zusammenhänge der höchste deutsche Berg, die Zugspitze (genauer: der Zugspitz), dessen Gipfel nur noch ein leicht zu übersehendes Anhängsel der architektonischen Zutaten ist.«

Rudolf Grosskopff

»Natürlich, daß man ein paar Hotels hinstellte für die reichen Engländer, die im 19. Jahrhundert die Alpen als Urlaubslandschaft und Klettergarten entdeckten; und wer hätte darüber böse sein sollen, daß allmählich mehr Touristen kamen, aus anderen Ländern und mit weniger Geld; und gewiß mußte man ihnen Straßen und Eisenbahnen bauen, auch mehr Hotels und außerdem Wanderwege und Berggasthäuser und eine Zahnradbahn auf den Aussichtspunkt, das Kraftwerk dazu war am nächsten Wildbach rasch errichtet.«

WOLF SCHNEIDER

Trockener Steg, Wallis, Schweiz

»Als junger Bursch war ich mit meinen Freunden im Winter oft mit Ski auf der Seiser Alm. Außer uns war um diese Jahreszeit niemand dort oben. Es gab nur uns, den Schnee, die Berge und den Himmel darüber. Damals hab' ich mir gedacht: Wenn das die Leut' aus den Städten auch erleben könnten! Und was ist heute? An einem schönen Sommertag kommen etwa zehntausend Menschen mit zwei- bis dreitausend Autos auf die Seiser Alm. Ich muß zugeben, das bedrückt mich, denn wir, meine Freunde und ich, waren die ersten vor sechzig Jahren, die mit der Werbung fürs Berg- und Skiwandern, für die Erholung in freier Natur begonnen haben.«

LUIS TRENKER

Skifahrer auf der Plose, Südtirol

HOTEL ADAMELLO

»Weil die flächenhafte Nutzung der Ressourcen des Alpenraumes durch Land- und Forstwirtschaft … zusammenbricht und die modernen Nutzungen mehr oder weniger stark räumlich konzentriert sind, verändert sich die Bevölkerungsverteilung im Rahmen dieses Strukturwandels drastisch: Die großen inneralpinen Becken und Längstäler verzeichnen ein großes Bevölkerungswachstum, aber der traditionelle, flächenhaft ausgeprägte Dauer- und Temporärsiedlungsraum verliert relativ an Bedeutung oder wird aufgegeben – die Alpen durchlaufen einen Verstädterungsprozeß, der zu agglomerationsähnlichen Siedlungsstrukturen in den Gunstlagen führt.«
Werner Bätzing

Wintersportzentrum, Piemont, Italien

Italy

Bergsteigen –
ein zusammengesetztes Wort.
Es kommt von Berg und steigen.
Das sage ich für die
»Bergsteiger«,
die ins Gebirge fahren.
Sie fahren auf jeden Paß,
kleben Bildchen an ihren Wagen
und kaufen Ansichtskarten
mit Stempel.
Sie stellen sich
auf einen Steinklotz
und winken.
Die Kamera
haben sie nicht vergessen,
damit sie
die Bilder zeigen können.
Allen ihren Bekannten
schreiben sie eine Ansichtskarte:
»Bergsteigen: furchtbar«
und in ihr Autobuch:
»Stilfser Joch: schon gemacht.«
Sie waren am Berg,
gewiß.
Das Steigen aber
haben sie ganz vergessen.

Stilfser Joch mit Ortler,
Südtirol

Uhren und Handys
bestimmen unsere Tage,
Verabredungen, Termine.
Der Tag ist in Stunden, Minuten
und Sekunden eingeteilt.
Die Woche in Tage,
der Monat in Wochen,
und wieder Termine
und Arbeiten,
die abgegeben werden müssen,
und der Film,
der nur morgen noch läuft,
und, und, und.

Ein Jahr hat zwölf Monate,
und es ist wie eine Nacht,
in der wir nicht geträumt
und nicht geschlafen haben.

Uhren, Fließband, Handys
sind Gitterstäbe des Käfigs,
den das Industriezeitalter
gebaut hat,
und in dem wir leben.

Warum nehmen wir
diesen Käfig
mit ins Gebirge?

Rotenboden mit Dent
Blanche, Schweiz

»Die alpinistischen Disziplinen gehören zu den wenigen Sportarten, die man bisher ohne steife Vorschriften, auf eigene Verantwortung, kreativ in der Vorstellung und in der Durchführung ausüben konnte. Der erzieherische und damit soziale Wert einer mit Verantwortung – sich selbst, den Kameraden und der Umwelt gegenüber – frei gewählten und in der freien Natur ausgeübten Tätigkeit ist unschätzbar groß. Solche Erlebniswerte, die vielen Menschen aus einem zunehmend städtisch geprägten Umfeld Erholung, Glück und oft auch innere Ruhe und Lebenssinn bringen, dürfen nicht verlorengehen.«
SILVIA METZELTIN

Lift und Zaun am
Tonale-Paß, Italien

Bergstation Diavolezza
mit Bernina, Schweiz

Verkehrsinfrastruktur
in den Alpen:

Eisenbahnen: 8000 km
Hauptstraßen: 26 000 km
Nebenstraßen: ca. 80 000 km
Wirtschaftswege und
Erschließungsstraßen:
> 300 000 km
Seilbahnen: 12 000
Flugplätze: 300
INTERNATIONALE ALPENSCHUTZ-
KOMMISSION CIPRA

Die Schneeraupe
ist stärker als jeder Fußgänger.

Aber auch die Kulis
werden immer schneller
auf dem Weg
ins Basislager.

Zum Gipfel und zurück
in 32 Stunden.

Rekord in der Eiger-Nordwand:
4 Stunden 50 Minuten.
Nur der Fortschritt
ist schon weiter.

Alle Achttausender
in einem Jahr?
Es sind ja nur 14.

In riesigen Messehallen
aus Kunststoffwänden
baut man
den ultimativen Berg.
Bevor der Wettkampf beginnt,
meditiert eine Nummer
vor dem Endspurt
ins Nichts.

Ich schaue nicht einmal zu.

Am Monte Rosa,
Italien

El Capitan im Yosemite-Nationalpark, Kalifornien

»Auf der einen Seite stehen die Apologeten einer Renaissance des Naturerlebnisses Alpen, auf der anderen die Verfechter einer Neudefinition des Urlaubs in den Bergen als pures, individualistisches Vergnügen. Die einen verwenden Begriffe wie ›Faszination Natur‹, ›ökologisches Bewußtsein‹, ›Einklang mit Umwelt und einheimischer Bevölkerung‹, die anderen halten sich vorzugsweise an englische Termini wie ›Fun‹, ›Action‹ oder ›Mega Events‹. Ob Fels oder Betonwand ist dabei sekundär.«

JAKOB STROBEL Y SERRA

Stausee im Valle di Fraele, Veltlin, Italien

»Das Gebirge erforschen reizt wenig, es benutzen schon mehr. Spielraum, Erholungsraum, Bühne für Selbstdarstellung. Der Alpinist bastelt sich die Wunschwelt. Ein Gemisch aus schönen Bildern, Heimatgefühl, Wolkenhimmel, Weg und Klettergerüst. Dieses Super-Disneyland wollen sich die Bergfreunde verständlicherweise erhalten. So wie es ist. Nur Phantasten wollen eine frühere Unberührtheit, einen einstigen Zustand herstellen. Welchen wohl auch?«

HELMUTH ZEBHAUSER

»Skilift« in Disney World, Orlando, Florida

Berg Heil

Dem Skifahrer und Snowboarder heute ist wichtig, daß Schnee liegt. Er will irgendwo runterfahren, seinen Spaß haben. Lawinengefahr bekümmert ihn wenig, Gletscherspalten müssen markiert sein. Wozu gibt es Lawinenwarnung, Pistendienst, Verbotsschilder? »Ski Heil!«

Die Kletterer verlassen sich auf die eingebohrten Sicherungshaken, die Alpinisten auf den Wetterbericht, die Eisgeher auf vier Geräte – und sie alle im Notfall auf das Handy im Rucksack, mit dem der Rettungshubschrauber gerufen werden kann. Aus jeder Wand, Schlucht, von jeder Graterhebung der Alpen. »Berg Heil!« Als wären Felsen, Schneehänge, Eisflanken nicht viel mehr als Klettergerüste, wird auf mehr oder weniger schiefen Ebenen »Fit for fun« gespielt. Die Landschaft dahinter und die Natur drum herum wird als Kulisse empfunden, schön vielleicht aus der Distanz, aber nicht mehr Freizeitbereich.

Im Gebirge dominieren inzwischen modisch geprägte Aktivsportarten, und diese werden immer weniger umweltverträglich gestaltet, weil der Naturbezug schrumpft. Natur wird vielfach nur noch als Attrappe erlebt. Wie in den Ballungszentren schafft sich der Mensch auch im Gebirge eine »zweite Natur«, in der erst die vorbereitete Piste, eine abgesicherte Route, markierte Steige, Hütten, Rettungshubschrauber die Voraussetzung sind für sein »Freizeitvergnügen«. Allerorts Dienstleistung und die totale Beherrschbarkeit der Natur setzt er voraus.

Viele Aktivitäten im Gebirge sind heute also nicht viel mehr als Nervenkitzel und Körperkult. Dabei repräsentieren die durchtrainierten Mountainbiker, die sportlich braun gebrannten Freeclimberinnen, die willensstarken Durchhaltetypen den Leistungsdruck einer Dienstleistungsgesellschaft, der wir »mit Seil und Haken« entgangen zu sein glaubten.

Im Gegensatz zur »notwendigen« Auseinandersetzung des Menschen mit der Natur im Arbeitsprozeß bliebe im Freizeitbereich eine »mögliche« und spielerische Aktivität als Balance zwischen Kopf und Körper, Geist und Natur, wenn wir wirklich in die Berge gingen. Bergsteigen als Hilfsmittel, um vergessene und verdrängte Instinkte zu sensibilisieren, setzt aber nicht nur wenig erschlossene Berge voraus, sondern auch Aktive, die den Sinn des Lebens nicht ausschließlich aus dem Bergsteigen beziehen. Wo Natur zur Kompensation emotionaler Defizite in

»Was motiviert Tausende Skibergsteiger auf der berühmten Walliser Haute Route, zwischen den beiden höchsten Bergen der Alpen, eine Woche lang in überfüllten Hütten zu übernachten, in riesigen Gruppen über Gletscher, Eispässe und Schneegipfel zu marschieren? Daß die Route sehr berühmt ist und die Identifikation mit alpinistischer Leistung nur auf der Originalstrecke gegeben ist! Ein paar Kilometer südlich oder nördlich der Route ist – noch – die große Einsamkeit zu Hause.«
HORST SCHINDLBACHER

»Das Individuum wird in der eigenen Lebenswelt immer fremder und heimatlos.«
WERNER BÄTZING

Linke Seite:
Magdalena Messner
beim Abseilen in den
Dolomiten, Südtirol

»Mit der Natur ist es wie mit der Ruhe: Man träumt von ihr, man spricht von ihr, aber in strikter Form mögen die meisten sie nicht.«
WOLF SCHNEIDER

»Die Polarisierung des Bergsteigens ist im Himalaja viel ausgeprägter als in den Alpen. Die Extreme im Himalaja sind einerseits der Massenaufstieg am gekauften und gefesselten Berg, andererseits der Alleingang durch eine unerstiegene Achttausenderwand.«
OSWALD OELZ

»Wird mit dem Alltagsinstrument des Mobiltelefons aber nicht in einer nie dagewesenen Weise genau jene Alltagsvorstellung von Sicherheit in die Alpen getragen, die sich in den Bergen immer wieder als tödlich erweist? Ist nicht gerade diese gedankliche ›Normalisierung‹ des Hochgebirges das Problem: die Tatsache, daß man die Alpen für einen rundum gesicherten Freizeitpark zu halten beginnt, in dem man sich sorglos bewegen kann?«
GERHARD FITZTHUM

unserer Gesellschaft gebraucht wird, steht das »Berg Heil« für Sinnersatz in einer anonymen Alltags- und Arbeitswelt, und der Weg zum Berg wird zur Flucht aus der Stadt.
Die Bilder, die wir dabei vor Augen haben – »Natur« aus Fernsehen, Werbung, Wissenschaft –, führen uns wie eine Spirale aus einem immer sterileren Leben in eine immer künstlichere Freizeitwelt. Wir alle sind überfordert, wenn wir unsere Defizite aus dem Alltag im Gebirge kompensieren wollen. Wer Streß, Hektik und Leistungsdruck aus dem Alltag in die Bergwelt überträgt, hat für Selbstverwirklichung weder Zeit noch Raum.
Aber auch wir Bergsteiger sind, ob wir wollen oder nicht, für eine Zukunft bestimmt, die immer neu und unterschiedlich sein wird. Mein »Berg Heil« zielt dabei auf ein Verhalten, das heile Akteure und heile Berge hinterläßt.

Zurück in die Berge

Bergsteiger und Wanderer können nicht stillsitzen, die Ebene oder Stube ist ihre Sache nicht. Ob sie bei ihrem Tun nun mehr geil auf Angst sind oder wild auf Glück – sie müssen hinaus, hinauf, und es werden immer mehr. Das Korrektiv »Verzicht« steht also nicht in Aussicht.
Wer nicht wandert oder klettert, schwebt am Gleitschirm vom Gipfel, radelt zwischen Wald und Kar oder läßt sich im Schlauchboot von reißenden Bergflüssen durchschütteln. Eine Generation, die Armut, Hunger und Kälte nie selbst erlebt hat, ist vor allem im Gebirge auf der Suche nach dem letzten Kick.
Als wären Drogen out, gehen immer mehr Adrenalin-Freaks im Gebirge auf die Suche nach Glückseligkeit: beim Freeclimbing, Schluchting, Hiking, Biking. Bei diesen Hits des Gebirgstourismus zählt mehr die Mutprobe als ein tagelanges Eintauchen in Raum, Gefahr, Anstrengung, Zweifel und Glück. Diese Erlebnissportler mit Airbag, TÜV-Stempel und Handy suchen am Rande der Wildnis jenes Restrisiko zwischen Sicherheitsgefühl und Nervenkitzel, das beherrschbar scheint.
Mein »Zurück in die Berge« – die Kunst des Überlebens in wirklicher Gefahr, das Wiedererwachen der Naturinstinkte, der Weg zurück zu den persönlichen Wurzeln – setzt die Wildnis als Medium voraus, das »Fit for fun« eine präparierte »Natur«, präpariert für das Risikospiel gelangweilter Städter. Erlebnis und Sicherheit werden darin gegen Geld getauscht – bis zur Spitze des Mount Everest. Nichts hat in der Tourismusindustrie

mehr Konjunktur als das teure Erlebnis, das in Minutenschnelle »das Leben verändert«. Gesteigertes Selbstwertgefühl, Lust, Prestige sind offensichtlich auch ohne Eigenverantwortung, ohne viel Anstrengung, fast ohne Risiko zu haben, und so wachsen die gewerblichen »Risikospielplätze« immer weiter ins Gebirge hinein: markierte Wege, Klettergebiete mit Parkplatz, präparierte Felswände bis unter den Himmel. Über das D-Netz des digitalen Mobilfunks verbunden mit dem Rest der Welt, suchen Millionen das ultimative Glück in einer Welt, die greifbar und virtuell zugleich ist. Nein, der Alpinismus ist *nicht* tot. Nie war eine junge Generation von Natursportlern so gut vorbereitet. Nie gab es so viele. Nie mehr Möglichkeiten. Was weniger wird, ist der Raum, die Wildnis, die Ruhe. Und auch diese gilt es zu schützen. Nicht nur die Akteure. Um immer bessere Felskletterer vor dem Absturz zu sichern, werden immer neue Wände mit Bohrhaken gespickt. Um immer verrücktere Snowboarder und Skifahrer vor Lawinen zu schützen, lassen Fremdenverkehrsmanager ganze Skigebiete in den Alpen mit Stahlverhau verwüsten. Bergflanken werden mit Armeekanonen beschossen, Gletscherflächen regelmäßig überflogen, um Gefahrenzonen zu erkennen und auszuzäunen.

Damit der Tourismus nicht versiegt, wird allerorts aufgerüstet: mit neuen Erschließungswegen, Seilbahnen, Pistenschneisen, Lawinenverbauungen, Sicherungsketten, Hubschrauberstaffeln. Schneeforscher und Sicherheitskreise haben Hochkonjunktur. Leider auch die Bergrettungsdienste. Denn auch die Unfälle nehmen mit der steigenden Zahl der Fun-Süchtigen zu, die jene Gefahr ignorieren, die im Gebirge rasch zum Tod führen kann. Tote aber sind nicht gut für das Image. Also muß mehr für die Sicherheit der Gäste getan werden, sagen sich die Tourismuspromotoren.

Ist so der Fun-Park Alpen noch zu verhindern?

Er muß verhindert werden! Denn nur wenn wir die Alpen retten, haben die anderen großen Gebirge eine Chance.

»Die Alpen macht man zum verlockenden Eldorado für Snowboarder, Variantenfahrer, Jeep-Piloten und Mountainbiker, Gleitschirmflieger und andere Sportarten, die eine motorisierte Anreise voraussetzen.«

THOMAS GOPPEL

»Reinheit und Stille sind das Richtmaß der Welt«, sagt Laotse. Ab wieviel Unrat beginnen Verschandelung und Lärm?

Wertzuwachs durch Reduktion

Seit mehr als achttausend Jahren prägt der Mensch die Alpenregion. Eine grundlegende Umgestaltung des natürlichen Ökosystems durch den Menschen ist allerdings erst seit dem Mittelalter festzustellen. Die durch hohe Instabilität geprägte Naturlandschaft wurde nach und nach in eine stabilere Kulturlandschaft umgewandelt, was den Aufenthalt einer größeren

»Der Versuch, die Umwelt durch Verzicht zu retten, ist wenig aussichtsreich.«

FRANZ JOSEF RADERMACHER

»Die ganzen Fragen der Trendsportarten: Der ungezügelten Freiheit wird von seiten der Tourismuswerbung genügend Tribut gezollt mit aggressiven Werbekampagnen. Ich bin da ziemlich pessimistisch. In den Alpen wird in den politischen Diskussionen immer wieder gesagt, daß sich das alles von selber löse: freie Entscheidung versus ordnungspolitische Maßnahmen. Ich breche eine Lanze dafür, daß es ordnungspolitische Maßnahmen geben muß.«
PETER HASSLACHER

Zahl von Menschen im Alpenraum möglich machte. Trotzdem blieben Lawinen- und Unwetterkatastrophen nicht aus.
Erst in diesem Jahrhundert begann der Mensch sein Wissen um Siedlungsplätze und Gefahrenräume wieder zu vergessen. Die Alpenregion wandelte sich rasch von einer Agrar- zu einer Erholungslandschaft, und sie wird weiter in dieser Richtung umgestaltet. Die Anfänge des modernen Fremdenverkehrs in den Alpen – nach dem Heil- und Bädertourismus in der Römerzeit und den Wallfahrern im Mittelalter – liefen parallel zur Erschließung des Hochgebirges ab. Am Ende des 19. Jahrhunderts begann mit dem Bau der alpenquerenden Bahnlinien der Erholungs- und Reiseverkehr größeren Stils. Nach dem Ersten Weltkrieg wurde dann der Skisport populär, und es entwickelten sich die ersten Wintersportzentren mit großen Hotels und Steighilfen. Im 20. Jahrhundert wurde in den Alpen neben Industrie und Wasserkraftnutzung der Tourismus weiter ausgebaut. Wo bis vor fünfzig Jahren land- und forstwirtschaftliche Nutzungsformen vorherrschten, finden wir heute entweder Tourismusbetriebe oder Brachland. Wo teilweise Bergbau betrieben wurde, finden wir entweder Industrie oder gar nichts mehr.
Mit dem Massentourismus nach dem Zweiten Weltkrieg wurde die systematische Erschließung der Fremdenverkehrsorte mit touristischen Infrastrukturen wie Seilbahnen, Liftanlagen oder Skikarussells eingeleitet. In sehr kurzer Zeit vollzog sich jener grundlegende Wandel von einem Agrar- zu einem Erholungsraum, der ausgesparte Gebiete verarmen und erfolgreiche Regionen verstädtern ließ.
Heute wohnen und arbeiten 12 Millionen Menschen im Alpenraum. 80 Millionen Urlauber reisen neben Wochenendausflüglern und Tagesgästen in den Ferien in die Alpen (500 Millionen Übernachtungen im Jahr, davon 300 Millionen im Winterhalbjahr). Der Tourismus ist heute der wichtigste Wirtschaftszweig und damit Garant für Wohlstand in den ehemals armen Regionen zwischen Poebene im Süden und Alpenvorland im Norden. Die Alpen bedeuten für Mitteleuropa aber viel mehr als Erholungsraum. Neben dem Wattenmeer sind sie das einzige relativ intakte Großökosystem. Viele gefährdete Pflanzen- und Tierarten fanden hier ihr letztes Rückzugsgebiet. Dazu ist der Alpenraum das Trinkwasserreservoir für alle am Alpenrand liegenden Städte wie München, Wien, Mailand, Turin.
Nun fliehen aber gerade aus dieser großstädtischen Anonymität Millionen und Abermillionen in die »heile Welt« der Alpen und provozieren mit ihrem massenhaften Ansturm wieder jene Hektik und Enge, der sie eben erst entfliehen wollten.

Ich weiß, alle diese Luft-, Weite-, Ruhe- und Erholungshungrigen sind *für* eine saubere Umwelt – sie sehen nur nicht die Kluft zwischen Anspruch und Realität. Die vielen Städter befriedigen im Gebirge ihren Bewegungsdrang und reisen wieder ab – meist zufrieden, selten mit moralischer Entrüstung über den Niedergang der Alpen. Die als Ausgleich zum Streß der modernen Leistungsgesellschaft allerorts angebotenen Abenteuer- und Erlebnissportarten möchten sie weiterhin exklusiv für sich haben. Da steigende Einkommen bei sinkender Arbeitszeit und gleichzeitig höherer Mobilität häufigere und weitere Reisen ermöglichen, hetzen sie immer öfter und schneller dem »letzten Kick« hinterher, »der nur noch ihnen gehört«.
Ob dem Fremdenverkehr in den Alpen Zuwachsraten zu wünschen sind? Bis er kollabiert? Nein, denn auch Energieversorger reklamieren ihre steigenden Ansprüche, dem folgt der Ausbau der Wasserkraftnutzung, dann der Transit, schließlich Industrie und Gewerbe, die aufgrund von Standortnachteilen gegenüber der Ebene aufrüsten müssen, um mitzuhalten. Das Problem Wirtschaftsstandort Alpen und Umweltschutz wird immer komplexer. Gefahren lauern überall. Das richtige Konzept zur Rettung der Alpen aber gibt es ebensowenig wie die kaputten Alpen, die Besserwisser in ihren Großstädten an grünen Tischen ausgemacht haben.
Daß Tourismus und Ökologie, Industrie und Verkehr, Einheimische und Fremde, Energie-, Land- und Forstwirtschaft miteinander konkurrieren, ist verständlich, muß aber nicht immer zu Lasten der ökologischen Stabilität gehen. Wenn wir Widersprüche erkennen, abwägen und abbauen, haben wir in den Alpen eine Zukunft. Die langfristige Sicherung der Alpen als hochwertiger Lebensraum muß unser Ziel sein, und wenn wir damit aufhören, unsere Nachbarn ökologisch zu belehren, und selbst etwas tun, hat die Zukunft begonnen.
Es reicht nicht, nur punktuell bedrohte Pflanzen- und Tierarten zu schützen oder typische Landschaften in ihrer Ursprünglichkeit als touristische Attraktion zu bewahren. Die Alpenbevölkerung will und soll nicht in einer Art Zoo leben. Sie wird lernen, ihre Ressourcen nur in dem Maße zu nutzen, daß sie auch künftigen Generationen in gleicher Menge und Qualität zur Verfügung stehen. Wir dürfen nur von den Zinsen, nicht vom Verbrauch der Alpenlandschaft leben. Schlagwortartig ausgedrückt: Nur im Einklang von Ökologie, Kultur und Ökonomie sind die Alpen etwas wert.
Die Untrennbarkeit von alpiner Natur- und Kulturlandschaft ist für mich dabei fundamental. Abgesehen davon dürfen wir

Ellmauer Halt mit Haltspitzgipfel, Kaisergebirge, Österreich

»Die Zeit unmittelbar vor dem eigentlichen Eisenbahnbau durch die Alpen (Brenner-Bahn 1867) und dem Beginn des Belle-Époque-Tourismus (ab 1880) ist die allerletzte Phase des Agrarzeitalters im Alpenraum ... und stellt eine pragmatische Möglichkeit dar, die vorindustrielle Alpenbevölkerung zu erfassen und damit einen sehr groben Eindruck von der traditionellen ›Tragfähigkeit‹ der Alpen im Agrarzeitalter zu gewinnen.«
WERNER BÄTZING

»Vielfach wird Natur- und Umweltschutz des Alpenvereins mit Müllvermeidung, Solartechnik, Windkraftwerken und gut funktionierenden Kläranlagen auf Alpenvereinshütten in Verbindung gebracht.«
HEINZ RÖHLE

»Das pointierte Bild der Alpenbewohner, die auf den Gipfeln eifersüchtig jedes Edelweiß bewachen, während sich durch die Täler die Verkehrslawine wälzt, kann jedenfalls nicht der Weisheit letzter Schluß sein. So ist der Verkehr inneralpin für den Löwenanteil der Luftbelastungen verantwortlich.«
Stephan Ortner/
Reinhard Gschöpf

»Das Bild der Alpen – ein ländlicher Raum mit Touristen – stimmt nicht mehr. Die Alpen durchlaufen eine gegensätzliche Entwicklung: auf der einen Seite die Verstädterung des Alpenraumes und auf der anderen Seite die Verödung, die totale Siedlungsaufgabe.«
Werner Bätzing

»Die Umweltbelastung durch das Klettern hängt von der Anzahl und dem Verhalten der Kletterer, von der ökologischen Empfindlichkeit des jeweiligen Gebiets sowie dem Vergleich mit anderen belastenden Nutzungen ab.«
Nikolaus Schranz

aber nicht nur Verhinderer sein, Neinsager, Abwürger. Wir dürfen den Wandel zum gestaltenden Naturschutz wagen und dabei aus hundertjähriger Erfahrung schöpfen. Der Deutsche und Österreichische Alpenverein sowie viele lokale Umweltschutzorganisationen haben dies erkannt und in den vergangenen Jahren wesentlich zu einer Neuorientierung beigetragen. So sind viele Alternativen zur künftigen Entwicklung angeboten wordem, und weitere werden folgen.

Meine Vorstellungen zum umwelt- und sozialverträglichen Verhalten und damit zum Schutz des Alpenraumes lege ich hier vor. Weil ich weiß, daß mir Glaubwürdigkeit zu diesem Thema abgesprochen wird, ist mein »Rettet die Alpen« die Bitte eines aktiven Bergsteigers, der die Ballungszentren kennt und selbst in den Bergen lebt. Weil Umweltprobleme nicht lokal oder regional begrenzt gelöst werden können, schlage ich den Bogen weit über Europa hinaus. Auch weil ich weiß, daß wir die »Berge der Welt« nur retten können, wenn wir die Alpen retten. Mit Nutzung und Bewahrung der Alpen sind wir Vorreiter für alle anderen Gebirge der Erde. Hier wie dort führen nur großräumige, länderübergreifende Ansätze zum Erfolg. Und die Hauptblockaden stecken in unseren Köpfen. Zuerst muß die verlorengegangene Bindung zur Natur wiederbelebt werden – in unserem Empfinden, in unseren Instinkten.

Wer die Umweltprobleme unserer Zeit ernsthaft angehen will, muß nicht nur vernetzt denken und handeln, er muß vor allem die vielen Städter kennen, die europaweit fast nur noch die Alpen als letzten großen Erholungsraum haben. Das Potential der Alpen liegt vor allem darin, daß sie alles bergen, was der Stadtmensch morgen braucht.

Während beim Sportklettern wie im Wirtschaftsleben oder in der Stadt das vorrangige Ziel darin liegt, unter Begrenzung jeden Gefahrenpotentials die größtmögliche Leistung zu erbringen, geht es beim Bergsteigen vorrangig darum, die Schwierigkeiten des natürlichen Berggeländes nur anhand jener Schutzmöglichkeiten zu überwinden, die der Berg selbst bietet. Der Mensch hat also kurzzeitig die Chance, in den Zeitraum einzutauchen, der ihn erst zum heutigen Menschen gemacht hat.

Der Einsatz künstlicher Hilfsmittel im Hochgebirge – ob am Berghang oder in der Felswand – muß also unterbleiben oder verboten werden. Auf Ausnahmefälle beschränkt, weil sie schon da und geduldet sind, oder in Notfällen, waren sie doch nie eine Bereicherung in einer Welt, deren Wert nur durch Reduktion der Technologie wachsen kann.

Bergsteigen und seine Spielarten

Der Berg, jahrtausendelang Orientierungshilfe und Mythos für den Menschen, ist seit gut zweihundert Jahren Ziel seiner Sehnsüchte und sportlich-spielerisches Betätigungsfeld. Diese zweihundert Jahre moderner Alpinistik, entstanden mit der Industrialisierung und aus unbewußter Eroberungssucht, begann als romantische Bewegung: »Zurück zur Natur.« Dem Eroberungsbergsteigen (von der Erstbesteigung des Montblanc 1786 über den »Kampf ums Matterhorn« 1865 bis zum »Sieg über den Mount Everest« 1953) folgte das Schwierigkeitsbergsteigen, wobei nicht mehr der Gipfel, sondern der Weg das Ziel war. Das Wie spielte dabei eine untergeordnete Rolle. (Emilio Comici hätte 1933 in der Nordwand der Großen Zinne gebohrt, wenn es notwendig gewesen wäre. Die Eiger-Nordwand wurde 1938 mit allen damals zur Verfügung stehenden Tricks erstbegangen, und die Briten haben Fixseile, Sauerstoffgeräte und Plattformen für ihre Hochlager eingesetzt, um 1975 die Südwestwand des Mount Everest bezwingen zu können.)

Erst seit einem Vierteljahrhundert beginnt sich eine andere Einstellung in der Auseinandersetzung Mensch–Berg durchzusetzen: der Verzicht. Gleichzeitig aber haben Handy und Hubschrauber im Gebirge Einzug gehalten, und in In-Gebieten geht es zu wie in Großstädten. Der freiwillige Verzicht des Menschen auf seine Überlegenheit dank der Technik bleibt also einseitig. Mit der Frage nach dem Wie haben sich nun mehrere Spielarten mit jeweils eigenen sportlichen Regeln herausgebildet.

Obwohl Paul Preuß schon 1911 eine nüchterne Trennung von Alpinistik und Klettersport gefordert hatte, ist diese erst seit zehn Jahren allgemein bewußt geworden: Beim Sportklettern geht es weder um den Gipfel noch um die Wand, sondern um den Sport. Dabei ist nochmals zu unterscheiden zwischen dem Wettkampfklettern an einer künstlichen Wand (heute meist in der Halle) und der Kletterkunst an natürlichen Felsen ohne Fortbewegungshilfen. Auch beim Höhenbergsteigen, vom Sportklettern weiter entfernt als der Marathonlauf vom Hundert-Meter-Sprint, wünsche ich mir eine sportliche Komponente: Allein der Stil entscheidet über den bergsteigerischen Wert einer Tour, nicht der gekaufte »Erfolg« oder die Geschwindigkeit. Diese kommt als logische Folge einer sauberen Besteigung heraus. Wenn Erhard Loretan in nur zwei Tagen durch die Everest-Nordwand stieg, dann nicht deshalb, weil er einen Rekord aufstellen wollte, sondern weil seine Taktik diese Schnelligkeit bedingte und sein Kletterkönnen sie erlaubte.

Jaunu im Himalaja, Nepal

»Man wird mit Eisenbahnen aller nur denkbaren Systeme auf die Berge hinauf- und hinabfahren, auf elektrischen Drahtseilbahnen die großartigen Gletscher bequem und sicher traversieren – dabei telephonisch mit Bekannten und Verwandten in steter Unterhaltung sein.«
LAMBERT MÄRZROTH (1875)

»Jeder ostentative Konsum ist eine Demonstration der Macht, und er zeigt, daß die luxuriöse Verausgabung immer auf Zuschauer angewiesen ist, die sich von ihr beeindrucken lassen.«
HANS MAGNUS ENZENSBERGER

»Wer die Todesprüfung besteht, erwirbt ein Zeugnis, das zum Leben berechtigt. ›Bis ans Äußerste gehen‹ – mit solchen oder ähnlichen Worten begründen die Akteure die vielfältigen Selbstherausforderungen. Für Otto Normalverbraucher haben die Reiseunternehmen eine ganze Skala derartiger Lehrgänge erfunden, angefangen beim einwöchigen ›Sanften Überleben‹ in den Schluchten des Flusses Verdon bis hin zu den ›Überlebensimitationen‹ in der Wüste. Stellen wir uns vor, Indianer kämen zum Überlebenstraining an die bretonische Küste oder gar mitten nach Paris, damit wenigstens die internationale Exotismusbilanz ausgeglichen werden würde.«
David Le Breton

Auch das alpine Bergsteigen, in den Alpen entwickelt und inzwischen in fast allen Gebirgen der Welt betrieben, hat sich weiterentwickelt. Dabei spielen heute Freikletterkönnen und ökologisches Verantwortungsbewußtsein – so hoffe ich – eine wichtigere Rolle als noch vor vierzig Jahren (Dolomiten- und Grand-Capucin-Direttissimas). Die Lust oder Sehnsucht, einfach auf einen Berg zu steigen, über welche Fußwege, Wände oder Kanten auch immer, wird im Menschen nur dann lebendig bleiben, wenn er den Berg nicht zum präparierten Sportobjekt degradiert. Deshalb ist das »Wie besteige ich einen Berg?« nicht primär ein sportliches, sondern ein ökologisches Postulat. Wie hinterlasse ich ihn als Medium für den nächsten Erfahrungssucher?

Die Verzichtalpinistik allerdings steht im krassen Gegensatz zur Lebenshaltung jener, die sich dank ihres steigenden Bruttosozialprodukts die Extravaganz leisten können, Kletterkünstler auszuhalten, die sie gern als Symbole ihrer Zielstrebigkeit präsentieren. Diese Haltung hat ein zerstörerisches Potential.

Bergsteigen ist als Katalysator denkbar für eine Bewegung, die dem Menschen klarmacht, daß kein Tun sinnlos ist, wenn der Täter die Natur respektiert und seine eigenen »weißen Flecken« erforscht. Wir Bergsteiger seien die »Eroberer des Nutzlosen«, meinte Terray, doch »das Überflüssige ist eine höchst notwendige Sache«, hatte schon Voltaire postuliert. Klettern und Bergsteigen wie auch Grenzgänge in großer Höhe bergen zwar die Erbsünde des viktorianischen Eroberungswillens in ihrer Entwicklungsgeschichte, sind aber erneuerungsfähig, solange wir alle Felsen und Gletscher als »weiße Wildnis« zu verteidigen wissen.

»Eilige Wanderer und ein paar rastlose Achttausenderbergsteiger, die möglichst schnell nach Hause oder an den Fuß des nächsten Achttausenders gelangen wollen, profitieren von der offensichtlichen Zeitersparnis, die ein Rückflug mit sich bringt. Allerdings sind solche ›Pick-ups‹ weder legal noch wünschenswert, führen sie doch automatisch dazu, daß sie zur Regel werden.«
Bernhard Rudolf Banzhaf

Der Tod aus dem Reisekatalog

Seit zwanzig Jahren macht sich eine Entwicklung breit, die die Gefahr der Berge verharmlost. Viele Touren wurden mit Bohrhaken abgesichert. Achttausender werden für Massenaufstiege präpariert. Das führt zu einem neuen Schub von Menschen, die Berge einfach »konsumieren«, obwohl sie das eigentliche Handwerk nicht beherrschen. Statt die Gefahren, Schwierigkeiten und Anstrengungen der Bergwelt als Filter zu verstehen, durch den der Massentourismus nicht hindurchsickert, ist im Kopf vieler Menschen die Meinung entstanden, der Berg sei wie auf einer Postkarte: ein nettes, sonniges Stück Fels, ein schimmernder Eishang unterm Himmel, auf den man wie auf einem Sportgerät

herumturnen kann. Harmlos aber war das Gebirge nie und wird es nie sein. Wer auf große Berge will, riskiert sein Leben.
Obwohl ich das Extrembergsteigen immer als gefährlich hingestellt habe, werde ich als Urheber einer Einstellung angegriffen, die den Massentourismus ausgelöst hätte. Ich aber trage nur die Verantwortung für meine Aussagen und für mein Tun, nicht für die Hybris aller selbsternannten »Idealisten«, die Messner spielen wollen. Natürlich bin ich als Expeditionsleiter für Organisation und Routenwahl verantwortlich. Und dies, obwohl meine Expeditionen keine Gruppenreisen sind. Ich habe mir immer wieder die besten Bergsteiger gesucht, und wir sind – jeder in Eigenverantwortung – losgegangen. Jeder war so gut wie der andere. Als mich kürzlich aber der Besitzer einer amerikanischen Airline bat, ihn gegen Anteile seines Unternehmens auf den Mount Everest zu führen, lehnte ich ab. Ich hätte seine Sicherheit garantieren müssen. Und das konnte ich nicht. Eine kleine Erschütterung im Eisbruch, und wir wären verschwunden. Aber nicht nur der Mount Everest wird gefährlich bleiben. Wenn an einem Sechstausender, dem Pisang Peak, 13 Leute sterben, jammern zwar alle über die Katastrophe, aber morgen gehen sie alle wieder los. Das Schizophrene an den kommerziellen Expeditionen ist ihr Nachspiel: Wenn einer heil herunterkommt, ist er ein Held; wenn nicht, wird der Bergführer verklagt.
Auch ich habe mich einmal bemüht, Klienten auf hohe Berge zu schleppen. 1972 habe ich einen Siebentausender im Hindukusch »geführt«. Unmittelbar danach habe ich beschlossen, es nie wieder zu tun. Es ist zu gefährlich. Teilnehmer drohten mir im Hochlager, mich zu verklagen, wenn ich sie nicht weitergehen ließe. Weil ich sagte, daß sie garantiert umkämen, wenn sie weitergingen, wurde ich beschimpft, von allen »Gipfelsiegern« aber später umarmt. In großer Höhe sind nicht nur Stürme und Lawinen unberechenbar, auch der Mensch verhält sich wegen des Sauerstoffmangels oft unorthodox.
Natürlich werden Teilnehmer solcher kommerziellen Expeditionen auf die hohen Risiken hingewiesen. Aber nur theoretisch. Wenn mit teuren Glanzkatalogen Sponsoren und Klienten angesprochen werden, die helfen sollen, den Versuch zu finanzieren, einen oder mehrere Berge hintereinander zu besteigen, wird aus einer Führungstour ein »Grenzgang« gemacht, der aber umgekehrt für jedermann zu schaffen sein soll: sicher, flott, prestigeträchtig.
Solche »Expeditionen« sind meist Zwitter, nicht Führungstour und nicht Grenzgang. Grenzgänge sind gefährlich und schwie-

»Würden Sie buchen, wenn man Ihnen eine Ersteigung des K2, immerhin des zweithöchsten Berges der Welt, anböte? Per Heli ins Basislager, von dem aus eine seilgesicherte Route, einer Via ferrata ähnlich, mit vorbereiteten Lagern zum Gipfel führt, Telefonservice inklusive?«
Fritz März

K2, auch Chogori, im Karakorum, Pakistan

Mount-Everest-Basislager, Nepal

rig. Dazu braucht es Logistik, Können, Glück, und trotzdem riskiert jeder Teilnehmer sein Leben dabei. Die neuen Berg-Yuppies aber – von Kanzlern und Präsidenten angelobt, mit dem Helikopter ins Basislager geflogen, 24 Stunden lang umsorgt – wollen es ohne Risiko, ohne viel Anstrengung, indem sie über ein paar fremde Lagerketten auf einen Gipfel laufen.

Im Frühling 1996 strebten zwei Gruppen von Kunden zum höchsten Punkt der Erde. Die meisten von ihnen hätten in Eigenverantwortung keine Chance gehabt, auch nur auf den Montblanc zu kommen. Rob Hall und Scott Fischer, die diese kommerziellen Expeditionen leiteten, starben im Gipfelbereich und überließen die Gäste ihrem Schicksal. Es reichte ein Sturm, um Hall, Fischer und einige ihrer Klienten auszulöschen. Daß ein paar überlebten, war Glück, hatte mit Können wenig zu tun. Wäre die Sache gutgegangen, hätten Hall und Fischer eine Menge Geld verdient. Beide wußten, daß man dort oben keine Rettung organisieren kann.

»Nutzen und Schützen stehen in engster gegenseitiger Abhängigkeit und dürfen keinen Gegensatz bilden.«
WERNER BÄTZING

Ich sage seit zehn Jahren, wie gefährlich es ist, wenn Bergführer – und sind es die besten – solche Touren anbieten. Sie verkaufen etwas, was man nicht verkaufen darf: den Mount Everest oder K2 von der Stange.

Ansätze zur Lösung der Probleme

- Vorstellung der Bergbewohner von sich und ihrem Lebensraum hinterfragen.
- Bilder der Stadtbewohner von den Alpen und ihren Bewohnern korrigieren.
- Wahrnehmungsunterschiede zwischen Berg- und Talbevölkerung in den Alpen herausarbeiten.
- Die Wahrnehmung der Alpen verändert sich mit der Entfernung.
- Generationsunterschiede in der Wahrnehmung der Alpen berücksichtigen.
- Da Medien mehr mit dem Mythos als mit der Wirklichkeit arbeiten, ist Vorsicht geboten.
- Die Alpen und ihre Bevölkerung sind Werbeträger – Mißbrauch ist möglich.
- Die Politik im Alpenraum bestimmen die Alpenbewohner leider am wenigsten.
- Wenige Alpenpolitiker vertreten die Alpen in Europa.
- Der Alpenraum im Zentrum Europas ist politisch und wirtschaftlich eine europäische Randregion.
- Abschied vom Mythos Alpen kann/muß nicht Abschied vom Wohlstand bedeuten.
- Es braucht mehr Solidarität zwischen den Alpengebieten, mehr Selbstverständnis und sogar neue Mythen.
- Die Alpen zuerst ihren Bewohnern erhalten.
- Wir Alpenbewohner dürfen Qualitätsbewußtsein mit unserem Namen verbinden.
- Umweltschutz in den Alpen als wirtschaftliche Zukunft verstehen.
- In den Alpen ist auch ein großflächiger ökologischer Landbau möglich.
- Nur gemeinsam kann die alpine Wirtschaft überleben.
- Landeseigene Produkte vor allem im Land vermarkten.
- Gemeinsam realisierte Ideen fördern das Zusammengehörigkeitsgefühl.
- Wirtschaften mit der und nicht gegen die Natur.
- Das Modell des geschlossenen Hofes hat mehr Überlebenspotential.
- Zuerst Höfe, dann Bergbauerndörfer als Etappenziel.
- Zufahrtswege und Eisenbahnlinien als wichtige Lebensadern erhalten.
- Es gilt, Urlandschaft zu schützen und Naturlandschaft zu pflegen.

»Flugzeuge und Piloten, die am Boden stehen, kosten vor allem Geld und bringen nichts ein. Aus diesen ökonomischen Überlegungen heraus sucht deshalb der clevere Unternehmer nach weiteren Einsatzmöglichkeiten, welche über die tägliche Routine von Linienflügen und Rettungseinsätzen hinausgehen. Die Helikopter erobern nun den Himalaja, indem sie für touristische Rundflüge verwendet oder an Trekkingveranstalter, Hotels und Reisebüros verchartert werden, die sie für irgendwelche, manchmal phantasievolle Einsätze benötigen.«

BERNHARD RUDOLF BANZHAF

»Der eine setzt alle zehn Meter einen Bohrhaken, der andere alle fünf, der nächste alle drei oder zwei, und wieder ein anderer fordert ein Drahtseil. Bohrhaken sind künstliche Griffe für die Psyche; wenn ich mich eine Wand nur mit Bohrhaken rauftraue, ist das nicht viel anders, als wenn ich in ›Action directe‹ die Griffe größer mache, weil ich auch gerne mal so etwas Steiles klettern will.«

GEORG KRONTHALER

»Mit bemerkenswerter Planlosigkeit wurde gebaut und erschlossen, die Siedlungsflächen in den Alpen haben sich in den vergangenen fünfzig Jahren verfünffacht, die Bevölkerungsdichte liegt in den Tourismuszentren heute während der Hauptsaison bei 1000 bis 2000 Personen pro Quadratkilometer, 40 000 Pisten mit einer Gesamtlänge von 120 000 Kilometern durchpflügen die Alpen.«
JAKOB STROBEL Y SERRA

»Es kann nur eine Strategie erfolgreich sein, die gegenüber der wirtschaftlichen Expansion die Umweltverträglichkeit aller Nutzungen einfordert, sich nicht bloß auf die Schutzgebiete zurückzieht und sich in den Zusammenbruchsregionen aktiv für die Fortführung der angepaßten Nutzungsformen einsetzt.«
WERNER BÄTZING»

Während die Tourismuswirtschaft insgesamt unbeeindruckt von allen Rezessionen stetig wächst und das Gros der Ziele in aller Welt Jahr für Jahr neue Rekordzahlen verzeichnet, verlieren die Alpen kontinuierlich an Attraktivität.«
JAKOB STROBEL Y SERRA

- An der Schwelle zum dritten Jahrtausend sind die Gebirge erforscht, vermessen und kartographiert. »Weiße Flecken« gibt es kaum noch.
- Die steilsten Wände sind durchklettert, alle Weiten durchwandert, die höchsten Berge sind bestiegen.
- Die Alpen sind kultiviert und verwildert zugleich: Verstädterung, Massentourismus und Entvölkerung sind die Folge.
- Jeder Gipfel ist zum leicht erreichbaren Pilgerort für zahlende Touristen geworden.
- Die Alpen müssen primär als Lebensraum für die dort lebenden Menschen verstanden werden.
- Sie dürfen weder als Naturreservat noch als überdimensionale Sportarena mißbraucht werden.
- Die Schutzziele orientieren sich an alpinen Umweltproblemen und sind tendenziell einschränkender Natur.
- Weltweit ist ein Niedergang der Bergbevölkerung zu beobachten.
- Die Stadtkultur wirkt wie ein Magnet für Bergbewohner.
- Deshalb greift der reine Schutzgedanke auch in den Alpen zu kurz, weil das Ökosystem nicht nur durch Über-, sondern auch durch Unternutzungen gefährdet ist.
- Die Alpen sind kein rein natürliches, sondern ein kulturell geprägtes Ökosystem.
- Dieses alpine Ökosystem bedarf einer dauernden Pflege und Naturbearbeitung.
- Rein agrarisch strukturierte Gebiete neigen zur wirtschaftlichen und kulturellen Erstarrung. Früher oder später bricht ihre Sozialstruktur zusammen.
- Nur eine gewerbliche und touristische Wirtschafts- und Beschäftigungsstruktur verbessert die Rahmenbedingungen für die Erhaltung der landschaftspflegenden Berglandwirtschaft.
- Die Erhaltung der wirtschaftlichen und gesellschaftlichen Eigenständigkeit der Bevölkerung im Alpenraum hängt mit dem Tourismus zusammen.
- Da in stark agrarisch geprägten Alpengebieten nur ein relativ geringer Anteil der Beschäftigten in der Land- und Forstwirtschaft arbeitet, ist ebenso das Gedeihen der übrigen Wirtschaftsbereiche sicherzustellen.
- Nur Anstrengung, Gefahr, Entbehrung taugen langfristig als Filter gegen die Massen.
- Anreise in öffentlichen Verkehrsmitteln ist ratsam.
- Über autoarme Bergdörfer zu autofreien Erholungszentren (Beispiel Zermatt) finden.
- Keine weitere Erschließung durch Bergbahnen.

- Den Einsatz von Motorfahrzeugen (Autos, Geländemotorräder, Motorschlitten und Hubschrauber) auf absolute Notfälle beschränken.
- Berghütten sind keine hotelähnlichen Einrichtungen.
- Kenntnisse über die natürlichen Gegebenheiten des besuchten Gebietes sind studierbar und erfragbar.
- Routenbeschreibungen und Führer sind schlechte Ratgeber.
- Abfälle und andere Spuren sind sorgfältig zu beseitigen.
- Wälder in Verjüngungs- und Aufforstungsgebieten sind zu meiden.
- Bei zufälliger Begegnung mit Wildtieren ist jeder Lärm zu vermeiden. Jeder Annäherungs- und Verfolgungsversuch ist zu unterlassen.
- Im Wald müssen – soweit vorhanden – Forstwege für Auf- und Abfahrt mit dem Mountainbike benutzt werden.
- Markierte Wege nicht verlassen.
- Abkürzungen über grasbedecktes Gelände sind zu vermeiden.
- Es braucht keine neuen Klettersteige bzw. drahtseilgesicherten Kletterwege. Historisch wertvolle Steiganlagen sind zu pflegen.
- Lärm möglichst begrenzen.
- Das Bergfahrrad, zum bloßen Abfahrtsmittel reduziert, ist fehl am Platz.

Drei-Zinnen-Hütte in den Dolomiten, Südtirol

Karikatur zu »Belustigungen in den Alpen«, Jahrhundertwende

»Bäuerliche Kulturlandschaften sind aus sich heraus ökologisch nicht stabil, denn sie sind künstliche, vom Menschen geschaffene Gebilde, die von Natur aus in kurzer Zeit verganden, verbuschen oder verfallen und auf manchen Flächen auch durch Erosion oder Hochwasser zerstört werden, so daß sie zur Nahrungsmittelproduktion nicht mehr taugen.«
WERNER BÄTZING

»Viele ziehen sich total aus den Alpen zurück und weichen in die gutgesicherten Klettergärten aus, die dann wegen Überfüllung von übereifrigen Naturschützern gesperrt werden. Dabei könnten die Alpen zu einem Paradies für alle Kletterer, nicht nur für Alpinisten, werden. Es wird Zeit, die Diskussion vom Kopf auf die Füße zu stellen, von der Spitze auf die Basis: Wir Wiederholer sind das Volk!«
ANDREAS DICK

- Radrennen im Hochgebirge sind unsinnig.
- Auch Skitourenwettbewerbe sind im Gebirge nicht angebracht.
- Wettkampfklettern gehört nicht ins Hochgebirge.
- Einsatz von Sprengstoff zur künstlichen Auslösung von Lawinen ist nur in Siedlungsgebieten akzeptabel.
- Der Bergsteiger hat die hochalpine Umwelt in einem Zustand zu erhalten bzw. einen solchen wiederherzustellen, der dem Wesen des Gebirges in der Zeit vor dem Alpinismus entspricht.
- Die Berge als Lebensschule begreifen und erhalten.
- Unser Komfort-Lebensstil ist im Gebirge untragbar.
- Mit dem Unterwegssein neue Ziele und Werte erfahren.
- Die Erkenntnis der Globalität unserer aktuellen Probleme muß zur Grundlage unserer Handlungen und Entscheidungen werden.
- Den Pro-Kopf-Lebensstandard in den Alpen halten, aber nicht mehr ausweiten.
- Fortschritt muß vor allem in der Begrenzung der Ressourcennutzung und Verschmutzung gesehen werden. Der Wert der Gebirge steigt mit ihrer Unberührtheit.
- Trends im Bevölkerungswachstum in armen Ländern (z. B. Nepal) umkehren.
- Bergtourismus in anderen Kontinenten fördern, um die Migration einzudämmen.
- Als Pioniere des Massentourismus Erfahrungen über Zerstörung und Schutz der Umwelt weitergeben.
- Eine nachhaltige Entwicklung ist möglich, wenn Fehler und Erkenntnisse aus dreihundert Jahren Alpenerschließung rechtzeitig exportiert werden.
- Die Schlangenlinie des Bergsteigers dem geraden Weg des Technikers entgegenstellen.
- Bergsteigen als Versuch, eine Idee zu verwirklichen, die nicht mit dem Nachweis der Realisierbarkeit ausgestattet ist.
- Die Berge – vom Mittelgebirge über die Voralpen bis zu den Achttausendern – als »sinnstiftenden Raum« verstehen lernen.
- Gebirge sind Raum für wenige, nicht Tummelplatz für alle.
- Alle Spielarten des Bergsteigens – Sportklettern, Mountainbiken, Gleitschirmfliegen, Weitwandern, Alpinistik, Skitourengehen, Höhenbergsteigen – sind, am richtigen Ort und mit Respekt vor der Gefahr betrieben, gleich akzeptabel.
- Ob Pilgerwege oder markierte Steige, nur im Gehen entsteht am Berg das Heil.

Heile Berge?

Nein, der Berg ruft nicht. Was lockt, sind die Stille und Weite dort. Enge und Langeweile des Berufs- und Familienlebens erzeugen Sehnsucht nach »höheren Regionen«, in denen sich der Städter – je weiter weg um so mehr – das Gegenteil des »Unten« vorstellt. Die erhoffte Freiheit aber, Ruhe und Erhabenheit sind oben immer weniger zu finden. Am wenigsten ist den Umweltproblemen zu entkommen. Dort wo die Schönheit der Berge besonders gerühmt wird, ist die Anziehungskraft am größten, am lukrativsten, am zerstörerischsten. Die Touristen verzehren am Ende genau das, was sie alle suchen.

Was der Wandertag im Mittelgebirge, ist der Sommerurlaub in den Alpen. Er bedeutet, daß viele Menschen aus allen Himmelsrichtungen mit dem Auto einfallen. Ob Volkswandern oder

»›Vita contemplativa‹, das beschauliche Leben, und ein paar Stunden später die ›Vita activa‹, das zupackende Leben – beides konnte ich auf der Rax innerhalb eines Tages erleben.«
Viktor E. Frankl

»Kommerz, Masse und die Zeit werden das Klettern noch weiter verändern. Derweil kann man noch viele Nächte lang wunderbar über Ethik diskutieren. Vor allem, wenn es um so etwas Ungreifbares wie ›die Zukunft des Alpinismus‹ geht. Problematisch wird's dann, wenn einige Puritaner dem Rest der Welt mit strengen Regeln den Spaß verderben wollen. Und bei der Sicherheit hört der Spaß auf.«
Andreas Dick

Hand eines Kletterers am Fels, Italien

Eisstücke
können von Séracs brechen,
und Steine mich erschlagen
oder leben lassen.
Wie sie wollen.
Ein Pfeiler kann neben mir
zusammenkrachen
und mich mitreißen.
Eine Wächte bricht,
ein Griff,
ein Haken versagt,
ein Verhauer,
ein Sturz ...
Ein angeschlagenes Bein,
und man ist allein
mit seinem Kameraden,
gefangen
in irgendeiner Wand.
Ein Muskel verkrampft sich,
ein einziger Muskel ...

Da nützt keine Versicherung.

Nur eigene Erfahrung,
Können, Einsatz –
man muß auf der Hut sein,
die Ohren spitzen,
eine gute Nase haben,
man muß ...

Sportklettern, die Jagd nach Leistungsabzeichen oder Schwierigkeitsgraden ist dieselbe. Ob der Steig mit Farbflecken oder die Kletterroute mit Spits markiert ist – niemand soll sich verlaufen können. Horizontal nicht, vertikal nicht.

Nach der Trimm-dich-Welle kam die Fun-Bewegung. Geblieben ist trotz der Naturanbetung das Sammeln von metallenen Auszeichnungen und ein eindeutiges Bekenntnis zur Gruppe, zur Sekte. Als marschierte, radelte, kletterte es sich gruppenweise schöner. Sogar die Bergbevölkerung rottet sich mehr und mehr zusammen. Mehr als die Hälfte der Alpenbevölkerung lebt inzwischen in Gemeinden mit fünftausend und mehr Einwohnern. Vielerorts dürften wir schon nicht mehr vom ländlichen Raum reden.

Bevor das Volkswandern als Trophäenjagd oder das Sportklettern als Schwierigkeitsfetischismus zur Karikatur einer Idee wurden und noch lange nachdem die Fußreise in den Alpen ein notwendiges Übel für jeden Reisenden war, gab es weder in Mittelgebirgen noch im Hochgebirge Konflikte zwischen »Naturschützern« und »Naturnützern«. Inzwischen aber stürmen Millionen die Parkplätze im Talgrund, sammeln Woche für Woche Hunderttausende Hüttenstempel und Zigtausende klingende Namen von Kletterrouten, die mit Akkubohrern durch empfindliche Felsbiotope gehämmert wurden. Ohne Rücksicht auf Dohle und Wanderfalken.

Nicht der Kletterer oder Wanderer ist das Problem, es sind die Horden, die einbrechen, tagelange Kolonnen von Weitwanderern, ganze Trupps von Kletterern, die in ihren Ziel- und Modegebieten eine Dauerbelastung darstellen, weil durch die ständige Begehung Grasnarbe und Fauna leiden. Ist die Vegetation erst vernichtet, schwindet die Tierwelt und der naturhungrige Mensch zieht weiter zum nächsten Biotop.

Das Problem ist also die Zahl. Wenn immer mehr Wanderer und Kletterer ein und dasselbe Gebiet als Sportarena nutzen, entsteht bei Heimat- und Alpenschützern die Vorstellung einer Plage, die über Flur und Felsen kommt. Es geht dabei nicht nur um die Felsen-Schaumkresse, es geht vielmehr um eine verträgliche Begegnung zwischen Mensch und Berg.

Ich bin kein Ökochonder und weiß, daß nur Entbehrung und Gefahr das Regulativ sein können, um die Alpen zu befrieden. Wenn wir aber unsere heutige Risikovermeidungshysterie auch ins Gebirge übertragen, werden Wanderer, Kletterer, Bergsteiger schließlich dort ausgesperrt werden. Weniger deshalb, weil sie zu wenig umweltverträglich wären, nein, weil sie zu viele geworden sind.

Rechte Seite:
Lawinen in der
Dhaulagiri-Südwand,
Himalaja, Nepal

Gestern noch predigte ich
die Weiterentwicklung
durch den Verzicht.

Wenn ich alles weglasse –
das Seil, die Haken, den Partner,
die Maske, das Lager,
den Verein –,
habe ich nur noch mich selbst
zu ertragen.

Hoch oben am Berg aber
wächst die Askese
mit der Größe der Last.

Diese Art von Entsagung
ist allerdings zuerst entbehrlich.

Wie die Nacht
auf dem Hüttenboden.

Nirgendwo aufzutauchen,
bei Festivals, Happenings,
Kongressen,
wenn der Verzicht zerredet wird;
nicht erreichbar zu sein
für das Geschwätz
der Möchtegerne,
ist das wenigste.

Erkenntnisgewinn
durch Wegbleiben.

Beginnt nicht auch das
Loslassen
am »geliebten« Fels,
am blauen Horizont,
am fernen Gipfel?

Auf das Handy
kann ich verzichten.
Auf das Steigen noch nicht.

Berge in Solo Khumbu,
Himalaja, Nepal

Der erste Taiwanese
auf dem Mount Everest!
Der längste Sturz am K2!
Der erfolgreichste
deutsche Höhenbergsteiger!
Nein, kein dummer Witz,
der Hochstapler meint es ernst,
seit er
K2- und Mount-Everest-Gipfel
im Gänsemarsch erreicht hat.

Nicht, daß jeder Hanswurst
aufs Dach der Welt steigt,
macht die Achttausender kleiner,
es sind die vielen Hanswurste,
die sich gebärden,
als hätten sie
irgend etwas anderes neu besetzt
als das »Berg Heil!« ihrer Väter,
das schon die Alpinistik
mit fragwürdigen Idealen
erstickte.

Es zählt nicht,
wie weit jemand
auf dem Mountainbike,
auf Ski
oder auf dem Arsch
den Mount Everest
runterrutscht,
wie er hinaufkommt
und ob er unten ankommt,
ist die Frage.

Die Gipfel von Cho Oyu, Mount Everest, Lhotse und Makalu über einem Nebelmeer, Nepal

Schneesturm
am Manaslu-Plateau,
Himalaja, Nepal

Wie der Wind den Schnee
über die blaue Wüste treibt!
Wie Wolken
flattert er am Grat:
weißgrün und schwarz.

Nach der Nacht im Schneesturm
sind die vielen dunklen Rillen
wie ein kunstvolles Ornament.
Kein Gedanke ans Jenseits.
Ich stapfe
über die wogende Fläche
und höre dem Wind zu,
der hinter mir
die Spur verwischt.

Wenn ich lange genug
in der Wildnis lebe,
brauche ich
keinen anderen Gott.

Es ist wieder
wie in herrlichen Zeiten:
Der Expeditionsleiter
ist der Boß.
Sein Pressebüro daheim
verbreitet die Nachrichten,
wie er sie wünscht,
und die Sherpas gehen,
wohin er sagt.

Die Klienten bezahlen,
der Boß befiehlt.

Für alle,
die den Gipfel erreichen,
ist der Boß
Freund, Helfer und Held.

Die Sherpas tragen zwar
das größte Risiko,
und die Tintenkulis daheim
dazu bei,
Hochnebel um den Ruhm
des Bosses zu pusten,
der mit dem Wecken
Morgentee organisiert
und nicht wie ein leerer Koffer
im Basislager sitzt.

Wenn die Nebel
plötzlich zum Sturm werden
oder ein Schneebrett
die Kolonne überrascht,
folgen Chaos und Tod.

Beim tragischen Ende
bleibt auch der Boß
besser oben.

Unten
müßten die Richter fragen,
wer die Verantwortung
getragen hat.

In der Nordflanke
des Chamlang,
Himalaja, Nepal

Weiter,
mit schweren Füßen
und stechenden Lungen,
als sei jeder Schritt
schon der letzte.
Und was mich noch treibt,
ließe sich nicht
mehr ermitteln,
nicht durch Verstand
und nicht durch
dem Willen angeschlossene
Enzephalogramme.
Jede falsche Hoffnung
am einsamen Herzen
zu messen,
abzulesen
an der müden Grimasse
meines Gesichts.

Ich habe verschiedene Arten, mich in den Hochlagern zu beschäftigen, während draußen der Sturm rast. Ich lese in Büchern, von denen ich immer wenigstens eines in jedem Hochlager habe, schaue dann und wann nach dem Wetter und denke da auch an die hölzernen Pferdchen, die mir der Großvater vor langer Zeit geschnitzt hat und die ich verlegt habe. Den ganzen Dachboden suche ich in Gedanken sorgfältig nach diesen Spielpferdchen ab, schaue in jede Kiste, unter jeden Balken, durchforsche jeden Winkel, und manchmal finde ich ein Pferdchen, und manchmal sehe ich sie nicht. Mittags mache ich eine Pause, um Tee oder Suppe zu kochen, manchmal auch nur, um mich mit meinem Zeltnachbarn zu unterhalten.

Hochlager mit Peak 29,
Himalaja, Nepal

Es sind immerzu Abgründe,
in die der Lokalmatador schaut.
Der junge Sportkletterer
auf den Schneetreter.
Die Achttausenderfrau
auf den Siebentausendermann.
Der Wettkampfkletterer
auf den Natursportler.
Der klassische Bergsteiger
auf den Jochbummler.
Die Hüttenstempelsammlerin
auf die Seilbahntouristen.
Der Gletscherwanderer
auf die vielen Trekker.
Der Gipfelsieger
auf den Mann auf dem Barhocker.

Seit mehr als hundert Jahren
geht das schon so.

Bei jeder Gelegenheit
schneller, höher, besser zu sein
erinnert mich an Napoleon.

Bergsteigen muß nicht sein,
ist weder Beruf noch Geschäft,
und auch das mit dem Idealismus
wird oft übertrieben.

Ein zittriges Selbstverständnis
hängt da an der Wand,
und der Abgrund in ihm
heißt Überlegenheitsdünkel.

Lhotse-Südwand,
Gipfelbereich,
Himalaja, Nepal

»Große Naturbereiche als Mittel und Maß zum Nachweis physischer und psychischer Leistungsfähigkeit zu verwenden hat Tradition: bei den Seefahrern, anläßlich der ›Wettrennen‹ zu den geographischen Polen und während der Erstbesteigungen der höchsten Berggipfel der Erde. Das Verkaufen von Naturlandschaften als Kulissen und Objekte für Nervenkitzel und Prestige macht sich heute die Touristikindustrie zunutze und verwendet dabei geschickt die Spuren aus der Pionierzeit der Abenteurer.«

HORST SCHINDLBACHER

Nach einem Höhensturm am Manaslu, Himalaja, Nepal

»Mit etwas Geld, Kondition, Unerschrockenheit und einer funktionierenden Steigklemme können heute dank der Hilfe erfahrener Bergführer Prestigeobjekte wie Ama Dablam, der Achttausender Cho Oyu oder selbst – mit viel mehr Geld und Glück – der Gipfel des Mount Everest erkauft werden. Die Prestigeberge des Himalaja werden mit Fixseilen und Lagern gezähmt wie früher in den Alpen das Matterhorn oder der Dent du Géant.«
OSWALD OELZ

Blick vom Makalu-Gebiet auf den Mount Everest, Himalaja, Nepal

»Der Mensch von heute muß ja nicht mehr gehen: Er setzt sich einfach in seinen Wagen und – fährt. Geschweige denn, daß er laufen müßte. Doch was geschieht? Er erfindet das Jogging. Oder: Der Mensch von heute braucht nicht zu steigen, nicht einmal Stiegen zu steigen. Und was geschieht? Er steigt auf Berge, klettert an Felswänden ... ›Der nackte Affe‹ macht es seinen Urahnen nach, die auf Bäume klettern mußten, um sich Nahrung zu beschaffen oder vor Feinden zu flüchten – alles Dinge, die für die Affen notwendig sind, aber längst nicht mehr für uns. Aber das ist es ja: Der biologisch unterforderte Mensch arrangiert freiwillig, künstlich und absichtlich Notwendigkeiten höherer Art, indem er aus freien Stücken von sich etwas fordert, sich etwas versagt, auf etwas verzichtet. Inmitten des Wohlstands sorgt er für Situationen des Notstands; mitten in einer Überflußgesellschaft beginnt er, Inseln der Askese aufzuschütten – und genau darin sehe ich die Funktion, um nicht zu sagen die Mission, des Sports im allgemeinen und des Alpinismus im besonderen: Sie sind die moderne, die säkulare Form der Askese.«
VIKTOR E. FRANKL

In der Nordwand
des Kangchendzönga,
Himalaja, Nepal

»Der Grenzgänger ist nicht tot. Er ist so lebendig wie nie zuvor … Er ist nur nicht mehr allein. Die Menschen im Kollektiv rütteln an einem Mythos. Der Grenzgänger, der alles für sich allein hat, ist out. Die alten Helden werden vom Podest gezogen, weil zu viele junge Helden folgen. Mythos und Marter werden falsifiziert.«

ROLAND RICHTER

Gasherbrum I von Nordosten, Karakorum, Pakistan

»Wer eine Sportart im Hochgebirge betreibt, ist verpflichtet, lokalen Kulturen und Bräuchen respektvoll zu begegnen. Die alpine Umwelt darf nicht den Bedürfnissen der Sportler angepaßt werden. Vielmehr haben sich die Sportler an die jeweiligen natürlichen Gegebenheiten in der Bergwelt anzupassen.«
SELBSTVERPFLICHTUNGSKODEX ALPINSPORT

Bali-Träger am Baltoro, Karakorum, Pakistan

Wenn du dich verstiegen hast,
beim Aufstieg,
kannst du zurückgehen.
Aber beim Abstieg, im Nebel,
hoch oben im Nirgendwo,
kommt nicht nur die Angst.
Es ist die Panik.
Keine Fußspur im Schnee,
nirgends ein Zeichen,
der Fels überall Glimmerschiefer.
Nichts,
woran du dich halten kannst.
Deine Ruhe ist längst dahin,
die Grenze des Erträglichen
erreicht.
Ausweis, Beruf, Zeugnis
helfen dir nicht weiter.
Du kannst warten,
aber nicht bis die Nacht kommt,
und die Zeit täuschst du nur
mit dem Glück.
Mitten in der Eiswand
kannst du nicht bleiben.
In die Spalte
treibt es den Schnee.
Also weg. Aber wohin?
Kein Halt, kein Schutz,
kein Überhang unter der Nacht.

Wieviel das Leben wert ist,
wenn es verloren scheint!

Mustag Ata am Rande
der Takla Makan,
Sinkiang, Pakistan

»Es geht dem Kletterbegeisterten nicht nur um die künstlerisch kreierten Notwendigkeiten, sondern auch um Möglichkeiten, nämlich insofern, als er herausbekommen möchte, wo die besagte Grenze des Menschenmöglichen eben liegt – er möchte diese Grenze auskundschaften. Und siehe da: Es ergeht ihm dabei so wie mit dem Horizont: denn mit jedem Schritt, den er auf ihn zugeht, weicht der Horizont vor ihm zurück; in dem Maße, in dem er sich ihm nähert, schiebt er ihn auch schon vor sich her; er schiebt ihn immer mehr hinaus – ganz genauso wie er, etwa in der Geschichte des ›extremen‹ und ›freien‹ Kletterns, die Grenze des Menschenmöglichen hinausgeschoben hat. Indem er diese Grenze aber immer weiter hinausschiebt, wächst er auch über sich selbst hinaus.«

VIKTOR E. FRANKL

Alexander Huber
in der »Salathé«,
El Capitan, Yosemite,
Kalifornien

»In ihrer Frustrationstoleranz sind viele junge Menschen nicht mehr fähig, abwendbares Leid abzuwenden und unabwendbares Leid auszuhalten, geschweige denn, daß sie Mitleid aufbrächten für jemand anderen – Mitleid kennen sie nur mit sich selbst. Der Mensch braucht Spannung, und am meisten braucht er, am zuträglichsten ist ihm jene Spannung, die sich etabliert im polaren Kraftfeld zwischen einem Menschen auf der einen Seite und einem Ziel auf der anderen Seite, das er sich setzt, einer Aufgabe, die er sich wählt, oder – um mit Karl Jaspers zu sprechen – einer ›Sache, die er zur seinen macht‹. Junge Menschen sind sonst unfähig, Frustrationen ›wegzustecken‹, sie sind unfähig, auf etwas, das sie noch nicht haben, zu verzichten, oder gar etwas, das sie bereits besitzen, zu opfern.«

VIKTOR E. FRANKL

Kalkriffe im Carstensz-Gebirge, Neuguinea

Schlagzeilen macht einer,
wenn er die größten Wände
in Serie durchsteigt;
wenn er einen
Fünfzig-Meter-Sturz überlebt;
wenn er die Eigerwand kreuzweise
und das Matterhorn
von allen Seiten klettert.

Schlagzeilen macht einer,
wenn er vom Cerro Torre springt;
wenn er sich alle Knochen
gleichzeitig bricht;
wenn er im Gletscher erfriert
und fünftausend Jahre später
gefunden wird.

Schlagzeilen macht einer,
wenn er allein
am Fitz Roy überlebt;
wenn er allein
auf den Mount Everest steigt;
wenn er
alle Achttausender schafft;
wenn er endlich
dabei umkommt.

Fitz-Roy-Gruppe in
Patagonien, Argentinien

Arena der Einsamkeit

Als ich vor mehr als zwanzig Jahren meine Begeisterung für die außereuropäischen Gebirge niederschrieb, hatte ein neuer Aufbruch »zu den Bergen der Welt« begonnen. Einsamkeit gab es dort, Ausgesetztsein, Gefahr – und Luxus hatte etwas mit warmen Füßen zu tun. Inzwischen ist auch der Himalaja »Therapieraum« für Scharen von Touristen geworden, die sich mit Vorliebe am Mount Everest, an der Annapurna, am K2 massieren. Also müssen wir uns mit dem Dualismus Sehnsucht versus Bedrohung, Reisen versus Zerstörung auseinandersetzen. Ob und wie Nutzung und Bewahrung vereinbar sind, ist heute – im Zeitalter verreister Berge – mein Thema.

Expedition war früher ein Synonym für Unbekanntes, Risiko, Todesgefahr. Jeder zweite Höhenbergsteiger erfror sich die Füße, jeder zehnte kam um. Der Tatsache aber, daß das Expeditionsbergsteigen gegen die Normen der Alpinistik verstieß, verdankt es sein Prestige. Auf der Flucht vor seinem eigenen Schatten nun ist der Höhenbergsteiger dabei, all die Werte zu opfern, die diese Disziplin der Alpinistik ausmachen.

Der klassische Alpinismus ist tot. Mit dem Zerfall unseres Tuns in ein Dutzend Disziplinen ging und geht vor allem ein geistiger Bruch im Verhältnis Mensch–Berg einher, der einer Umgewichtung der Werte gleichkommt.

Den Progressisten, die ihren Sport in den Bergen auf Erschließung und Sicherheitsnetze aufbauen, geht es um immer mehr Spaß in einer austauschbaren Natur. Ihre Zahl wächst, und mit ihren Methoden erobern sie jenes Reich, das konservative Bergsteiger, denen es um eine Ethik geht, die das Bergsteigen und seine Geschichte bis gestern geprägt haben. Über beiden Gruppen und im Scheinwerferlicht der öffentlichen Aufmerksamkeit steigen jene, die Rekorde ankündigen oder vortäuschen, indem sie zuerst die Strukturen der Progressisten für sich nutzen, um dann ihre »Heldentaten« als selbstverantwortetes Risikospiel zu verkaufen. All die »unglaublichen Rekorde«, »mörderischen Herausforderungen«, »selbstlosen Forschungsarbeiten« sind meist nichts als Etikettenschwindel, also Werbesprüche zu einem Geschäft, das inzwischen auch Reiseveranstalter nutzen, um ehrgeizige Klienten anzusprechen. In

**Bergsteigen
wird wieder Luxus
werden:
mehr als Flucht
vor Mühsal
und Sterilität
des Alltags.**

**Platz, Ruhe, Alleinsein …
Gibt es das noch?
Die Städte
sind überfüllt mit Menschen,
die Straßen mit Autos,
die Läden mit Käufern.
Die Skipisten
sind schwarz von Menschen,
und an manchen Kletterführen
steht einer über dem anderen.
Platz finden
ist ein Problem geworden
in diesen Jahren.
Auch die Hütten sind überfüllt,
die Seilbahnen überlastet,
die Parkplätze,
die Anstiegswege,
die Gipfel …
Die Berge sind überlaufen,
im Winter mehr noch
als im Sommer.**

Im Eiswulst an der Kangchendzönga-Nordwand, Himalaja, Nepal

Siniolchu im Kangchendzönga-Massiv, Himalaja, Nepal

»Wir müssen uns leider mit der Tatsache abfinden, daß im Himalaja, einem der letzten Großräume dieser Erde, wo die Stille noch sprichwörtlich und allgegenwärtig ist, vermehrt mit Lärmbelästigungen durch Großhelikopter gerechnet werden muß.«
BERNHARD RUDOLF BANZHAF

ihrem Streben nach Differenzierung finden immer mehr »Weltreisende« besonders begehrenswert, was knapp, selten und teuer ist. Eine Form des Konsums, die wir Luxus nannten.

Dabei wären in allen Gebirgen dieser Erde jene Luxusgüter, die der Mensch in seinen Ballungszentren längst ausverkauft hat, umsonst zu haben: Zeit, Ruhe, Ungestörtsein, reines Wasser, genügend Platz, saubere Luft. Nur diese elementaren Lebensvoraussetzungen gilt es zu retten, wenn wir die Berge retten wollen.

Der Wert der Zeit kann nicht mit der Stoppuhr gemessen werden. Zeit zu haben und selbst zu entscheiden, wann, wo, womit wir uns beschäftigen, ist ein unschätzbares Gut.

Ebenso wichtig ist Ruhe. Was nützen die von allen Seiten einströmenden Informationen, wenn die Aufmerksamkeit dabei fehlt? Vom Rauschen der Kanäle, Piepsen der Telefone, im Lärmpegel der Stadt werde ich irre. Gebirge stelle ich mir auch als letzte Inseln der Ruhe vor. Wenn ich aus den großen Räumen der Berge zurückkomme, erscheinen mir die Städte mit ihren aggressiven und verdichteten Lebensverhältnissen wie Gefängnisse. Gebirge könnten die Rückzugsräume der Zukunft sein.

Das Privileg, sauberes Wasser zu trinken und klare Luft zu atmen, wird immer mehr Mühe kosten. Mit Geld ist beides schon jetzt nicht mehr zu haben.

Ähnliches gilt für unser Essen. Wer es sich leisten kann, seine Nahrungsmittel selbst herzustellen, weiß, was er ißt. Aber nur wer die Ausdauer und Mittel besitzt, bis über die letzten Barrieren von Arbeitswelt und Freizeitrummel vorzustoßen, dabei selbst Risiken für Leib und Leben produzierend und erduldend, wird die Umwelt vorfinden, die uns Menschen entspricht: uns als Fußgängern, unseren sinnlichen Fähigkeiten, unserer Menschennatur. Der Luxus der Zukunft ist in keinem Reisebüro oder Sport-Shop zu haben. Wie in der Vergangenheit hat er nichts mit dem Überangebot, sondern mit der Verknappung bestimmter Werte und Güter zu tun. Es ist das Notwendige, das für immer weniger Menschen immer schwieriger zu bekommen sein wird, das die »Berge der Welt« so wertvoll macht. Nicht die Erschließer und nicht die Konsumenten sind auf dem richtigen Weg – die Sucher vielleicht. Das Leben verspricht in Zukunft kein reines Vergnügen, und privilegiert ist, wer das Notwendige genießt und sich auf seinem Weg selbst einbringt.

Nachhaltig verändert hat die Alpinistik bisher immer der Geist, nicht die Gerätschaft oder der Kommerz. Der Alpinismus ist nicht tot, solange ihn jede junge Bergsteigergeneration immer wieder neu erfindet.

Bergsteigern

Auch Climber sind Menschen.
Zu allen Zeiten erhitzten sich die Diskussionen der Insider um die Resultate ihrer Kollegen. Die Fachleute aber waren nie einhellig einer Meinung, und so entstanden Gegenspieler; Gruppen bildeten sich, die sich gern als »Schulen« wichtig taten. In diesen Rivalitätsgebärden kam es zu Koalitionen, zu Machtpolitik, bis die Medien in ihrer Ankündigungseuphorie Angeber, Hochstapler und Scharlatane in den Vordergrund stellten. Zwischen Vergessen, Bannspruch und Verdikt erlosch so mancher Stern am Kletterhimmel.
Erst die Wettkämpfe an kurzen, künstlichen Kletterwänden schafften Klarheit. Sieger wird, wer am höchsten kommt.
Aber oben, draußen, im Gebirge herrschen andere Gesetze, und dort geht das Verwirrspiel weiter.
Jeder Rekord am Mount Everest ist lächerlich, und das Bergaufbergab-Rennen am Matterhorn macht keinen Sinn. Die Wettkämpfer haben keine der Aufgaben gelöst, die uns am Berg gestellt werden: nicht im alpinistischen, nicht im touristischen, nicht im ökologischen Bereich.
Ein noch größerer Unfug sind die internationalen Wettläufe an Vier-, Fünf-, Sechs- oder Siebentausendern. Die Achttausender waren – weil auf die Zahl 14 beschränkt – von Anfang an Fluchtpunkte nationaler und privater Eitelkeiten, der Wettlauf zum Gipfel nimmt ihnen nun noch die letzte Dimension: ihre Größe.
Der Spitzenbergsteiger heute steigt nicht nur, er steigert: Schwierigkeitsgrade, Höhenunterschiede, Rekordzeiten, mindestens seinen Marktwert. Nur auf Ausgesetztsein legt er keinen Wert. Bewaffnet mit Bohrmaschine, gespornt mit Cliffhängern und getrieben vom Sekundenzeiger der Kletterentwicklung, legt er allerorts sein Sicherheitsnetz über die Berge. Zuerst wird der Weg präpariert – von oben, von unten, von anderen –, dann werden Passagen geprobt und abgesichert, bis nur noch der Absturz unmöglich ist. Zuletzt kommt das Muskelspiel. Was am Ende frei geklettert wird, ist so schwierig, daß es ohne Absicherungsmaschinerie erst gar nicht versucht werden könnte.
Natürlich war man auch früher auf Steigerung aus. Die Rekordjäger von gestern aber lieferten sich zuerst dem Ungewissen aus, dann der Angst, in den Kletterhimmel zu fliegen, zuletzt dem Versagen. Nach ihren Grenzgängen verbreiteten die Helden zu Hause Schauder jeder Art und ein paar Geheimzeichen, die der nächsten Klettergeneration Angstlust ungeahnter

Bergsteigen war früher Luxus, und Luxus bleibt es, solange Gebirge schwer zugänglich sind.

Eine erschlossene Bergwelt ist allen zugänglich, aber entwertet.

Klettertürme auf einem Fabrikgelände im Ruhrgebiet, Duisburg, Deutschland

Art suggerierten. Bergsteigen war kein Spaß, weder für die Akteure selbst noch in der Vorstellung der Zuhausegebliebenen. Der Berg war Möglichkeit und Bedrohung zugleich, ein Stück Natur, das auf die Menschen ebenso gefährlich wie faszinierend wirkte.

Ich möchte weder den Pioniergeist noch den Heldenmut früherer Bergsteigergenerationen strapazieren, die, getrieben vom Eroberungswahn und oft geblendet von übernommenen Idealen, die letzten weißen Flecken in der Wildnis stürmten. Mit dem Wunschbild einer romantischen, unberührten Natur kann ich mich ebensowenig anfreunden wie mit der Scheinheiligkeit einer Bergsteigermoral, die nur die Naturvergessenheit der Industriegesellschaft widerspiegelt.

Mich interessiert die Kultur, die der Mensch als Teil und Gegenteil von Natur schafft, wenn er sich ins Unnütze versteigt. Wer dabei jede Gefährdung ausschaltet, nimmt nur einen Teil der Berg-Natur wahr, und wer nach dem Limit der anderen schielt, vielleicht nicht einmal sich selbst. Er kann also genausogut am Gummiseil vom Kranarm springen, an einer Kunstwand klettern oder sein Wildnistrekking lediglich am Computer simulieren.

Und in der Tat, bei vielen Natursportarten – Freeclimbing an präparierten Routen, Pistenskilauf – geht es heute ausschließlich um »Fun«, den kurzen Nervenkitzel oder den Rekord. Wer schneller steigt, schwieriger klettert, tiefer springt, weiter läuft, interessiert mich zwar weniger als die Gipfelhöhe des Mount Everest, bestimmt aber in Zeiten wie unseren, in denen wir einen tiefgreifenden Wandel des Freizeitverhaltens beobachten, das Verhältnis zwischen Mensch und Berg.

Wenn sich heutzutage Naturschützer und Freizeitsportler immer häufiger ins Gehege kommen, hat das seine Gründe. Wenn in den USA Bergsteiger vor Gericht gestellt werden, weil sie an den Granitfelsen im Yosemite Bohrhaken gesetzt haben, und umgekehrt das Amtsgericht Laufen einen Bergführer »im Namen des Volkes« der »gemeinschädlichen Sachbeschädigung« schuldig spricht, weil er ein paar Haken in der Untersberg-Südwand entfernt hat, sind das Umstände, die ich nicht mehr nachvollziehen kann. Und wenn die einen vom »Ruin des Klettersports« reden und die anderen von der »Philosophie des Wahnsinns«, zeigt das, daß wir auf den babylonischen Turm der Werte- und Sprachverwirrung steigen.

Es wird in erster Linie an uns selbst liegen, an uns Bergsteigern, aus der Sackgasse zu finden, in der unser Tun nach dem Direttissima-Zeitalter wieder einmal steckt.

»Das Wort ›Weg‹ beschreibt für den Philosophen Richard Wisser eine anthropologische, den Menschen charakterisierende Grundbefindlichkeit. Wenn der Mensch ›Homo viator‹ ist, ein auf Wege angewiesener Wanderer, dann rechtfertigt dies, in der Frage nach dem Weg die Grundfrage des Menschen zu sehen.«
DIETER STOLTE

»Vife Touristikmanager sorgen dafür, daß Achttausendergipfel in Himalaja und Karakorum und die höchsten Berge der Kontinente wie Reisen zu den Malediven vermarktet werden.«
HORST SCHINDLBACHER

»Die frühere kollektive Motivation als Triebfeder der Expeditionen hat sich innert weniger Jahrzehnte verändert und teilweise aufgelöst. An die Stelle der Bergbesteigung im Sinne technischen und gesellschaftlichen Fortschritts und für das Vaterland treten das persönliche Erlebnis und die individuelle Selbsterfahrung. Statt ›Entdeckung‹ lautet die Motivation nun ›Selbstentdeckung‹.«
DOMINIK SIEGRIST

Linke Seite:
Reinhold Messner im »Südtiroler Weg« an der Marmolada-Südwand, Dolomiten, Südtirol

Ganchen-Gruppe, Karakorum, Pakistan

»Seit einigen Jahren werden Skibergsteiger-Wettkämpfe in den Alpen und den Pyrenäen durchgeführt, angestrebt ist eine Art Europacup. Im Tienschan-Gebirge finden ›Wettläufe‹ auf den Khan-Tengri, immerhin 6995 Meter hoch, statt, mit Streckenposten, Zeitnahme und Fixseilen an den kritischen Stellen.«
KARL SCHRAG

Der Horror von Shangri La

Im Charter nach Katmandu sitzen die Trekker in Fleece-Hose und Daunenjacke, Bergschuhe an den Füßen, der Blick Himalaja-verklärt. Als müßte es irgendwo im fernen Nepal oder dahinter das Paradies auf einer Erde geben, die daheim schon lange unbewohnbar scheint.

Nicht nur Romane und Spielfilme, auch Dokumentationen im Dutzend, Reiseführer und Kataloge preisen »Shangri La« als die Zufluchtsstätte aller streß-, lärm- und umweltgiftgeplagten Menschen. Im Himalaja könnten Lamas über eine Entfernung von Hunderten von Kilometern miteinander kommunizieren, ohne dabei ein Telefon zu benützen, Yogis senkten nach Belieben ihre Körpertemperatur oder die Pulsfrequenz, lebendige Götter liefen mitten am Tag durch die Täler. Katmandu ist seit 15 Jahren nicht nur für Bergsteiger das, was Mekka seit 1500 Jahren für die Moslems ist oder Rom vor 1000 Jahren für die deutschen Kaiser war. Katmandu ist zum »Shangri La« für jeden Asienbesucher geworden.

In den Bergen Nepals scheint die Zeit ein paar Jahrzehnte oder Jahrhunderte stillgestanden zu haben, und dieser Umstand erlaubt der naturentfremdeten Seele eines Mitteleuropäers ein tiefes Durchatmen. Im letzten Jahrzehnt dieses Jahrtausends nun hat die junge demokratische Regierung von Nepal ein paar Gebiete zugänglich gemacht, Dolpo und Mustang zum Beispiel, die vorher, weil ohne jede Infrastruktur, als »restricted areas« für den Tourismus gesperrt gewesen waren. Hier sind die Menschen in ihren Lebensgewohnheiten nicht nur ursprünglicher geblieben, sondern auch ärmer und bescheidener.

Nichts gefällt dem verwöhnten Trekker besser als das Lächeln und die Bescheidenheit der Ärmsten unter den Einheimischen. Deshalb reist er, der überall sonst schon gewesen ist, nach Shangri La, wo die Familien kinderreich und armselig sind. Daß allein die Genehmigung 700 Dollar pro Mann und Woche kostet, wissen die Armen nicht. Wenn das Geld in ihre noch heile Welt käme, könnten dort kleine Elektrizitätswerke, Bewässerungsgräben und ein Hospital gebaut werden. Zum nächsten Arzt sind es oft sieben Tagesmärsche.

Die Genehmigungsgebühr aber versickert vorerst in Katmandu (die alte Nomenklatura in den Ämtern mit der Korruptionserfahrung von Jahrzehnten ist trotz der neuen Regierung geblieben). Der obligate Begleitoffizier sahnt ab, vielleicht auch ein cleverer Händler. Die Reiseveranstalter in Europa arbeiten in Nepal mit lokalen Trekkingagenturen zusammen, die schon seit langem ihre Auslandskonten füllen und Küche, Träger, Zelte aus Katmandu mitnehmen. Bei den Menschen oben in den Bergen bleibt wenig oder nichts von dem, was 200 000 Touristen jährlich für ihren Nepalurlaub ausgeben. Dabei könnten die Menschen in Dolpo und Mustang Bares gebrauchen. Der Handel mit Tibet, einstmals wesentlicher Umsatzfaktor, ist seit der Besetzung Tibets durch die Chinesen geschwunden. Die Felder erodieren, und die Almen sind überweidet. Ohne Tourismus oder Entwicklungshilfe ist die Wüste hinter Dhaulagiri und Annapurna bald total. Ein Überleben für den Menschen wird unmöglich.

Wenn nun, wie oft in den Medien, davon die Rede ist, daß auch das letzte Fleckchen von Shangri La dem Tourismus geopfert wird, zeugt das von Zynismus. Wenn aber der Minister für Tourismus von Nepal öffentlich erklärt, daß er die Zahl der Gäste im Lande durch eine Aktion »Saubere Berge« steigern will, zeugt das von Dummheit.

Am Ende der Welt, dort wo die Täler eng und die Berge hoch sind, war der Minister noch nie. Er lebt in Katmandu, und nur dort stinken die Giftgase zum Himmel; das Wasser ist nicht nur untrinkbar, es treibt Nepalurlauber regelmäßig in Hundertschaften ins Tropeninstitut; der Lärm ist unerträglich. Nepal kann sicherlich ein Mehr an Touristen vertragen, wenn sie sich vernünftig über das ganze Land verteilen.

Wenn aber in Katmandu dem Öko-Kollaps nicht Einhalt geboten wird, ist der Tourismus verspielt, ehe er gesteigert werden kann. Tausend und mehr Motorrikschas verpesten mit ihren Zweitaktmotoren die Luft (in Indien wurde verboten, was Nepal gerade erst eingeführt hat). Es gibt keine Kläranlagen, und der Müll türmt sich am Straßenrand. Die expandierende Teppichindustrie bringt nicht nur Devisen ins Land, sie hinterläßt eine Menge Gift im Boden.

Sicher ist es ein Sakrileg der New-Age-Art, wenn im Frühling zwanzig Expeditionen gleichzeitig von Süden (Nepal) auf den Mount Everest losgelassen werden. Das bedeutet zwischen hundert und fünfhundert Leute vom Basislager aufwärts, Aggressionen, Müll und nochmals ein paar hundert leere Sauerstoffbehälter am 8000 Meter hohen Südsattel. Der Mount Everest aber ist lange nicht mehr »Shangri La«. Shangri La liegt abseits und weiter im Westen (»La« heißt Paß). Wir Glückssucher haben auch diesen Paß überquert und nicht gemerkt, daß Trampelpfade zurückbleiben, wo wir uns in Horden bewegen.

Reisen an sich ist so gut oder so schlecht wie der Besuch eines Freundes. Die Massen sind es, die aus einem harmlosen Halb-

»Daß dieses Denkmuster ›Mensch ohne Natur‹ falsch ist, wurde schon früher erkannt, z. B. von Marcel Proust, wenn er sagt, Natur alleine gibt es nicht, oder von Theodor W. Adorno, wenn er meint, ohne Mensch gäbe es keine Natur: ›Natur ist das, was der Mensch hineininterpretiert.‹«
FRITZ MÄRZ

Hängebrücke im Kali-Gandaki-Tal, Himalaja, Nepal

»Beim Stichwort umwelt- und sozialverträglicher Tourismus gehen wir ja davon aus, daß die Bevölkerung vor Ort ökonomisch profitiert und bei den Entscheidungen beteiligt wird. Die ›Bereisten‹ müssen selbst bestimmen, was die Reisenden in ihrem Land machen dürfen.«
JOST KRIPPENDORF

nomadentum einzelner einen Horror entstehen ließen. Nun wäre dem in Nepal rasch abgeholfen – mit einer begrenzten Ausgabe von Trekking-Permits für eine bestimmte Zeitspanne und einzelne überlaufene Gebiete.
Sehr viel wichtiger ist es aber, daß in Katmandu etwas getan wird, ehe die Stadt kollabiert; daß die Abholzung im ganzen Land gestoppt wird, ehe den Menschen durch die Erosion nichts übrigbleibt von der fruchtbaren Ackerkrume; daß die Überweidung aufhört; daß … So schön Nepal war und außerhalb von Katmandu noch ist, der Untergang dieses Himalajastaates wird nicht aufzuhalten sein. Der Tourismus wird das Chaos eine Zeitlang bremsen, die Katastrophe am Ende aber beschleunigen.
Der Untergang von Shangri La kommt leise. Es ist, als würden alle Kräfte, die im Innern und die von außen, nur Resonanzschwingungen auslösen: Die Trekker gehen alle dorthin, wo die anderen schon waren. Die Bergsteiger bevorzugen Gipfel, auf denen schon alle sind. Die Bevölkerung wächst dort am schnellsten, wo der Wald abgeholzt, der Boden weggeschwemmt und das Wasser verseucht ist. Das Geld, das ins Land kommt, bleibt dort, wo es vorher schon war. An Lärm, Smog und Müll in ihrer Hauptstadt haben sich die Nepalesen gewöhnt. Gegen Amöben sind sie immun, oder sie sterben geduldig.
Bei Resonanz kommt es nicht durch Explosion zum Einsturz. Alles geht still, fast friedlich vor sich. Das Ende aber ist nicht aufzuhalten.

»Das künftige Wohl unserer Gemeinschaft hängt sehr am Bewußtseinswandel aller. Woher die Impulse dazu, woher die Modelle? Vielleicht von grünen Tischen, besetzt mit traumlosen Vordenkern? Eher schon von zu Fuß gehenden, energiesparenden, naturschützenden, zuhauf wohnenden Aussteigern.«
LUDWIG BERTLE

Nanga-Wahn – nackter Wahn

1934, bei der zweiten deutschen Nanga-Parbat-Expedition, war die Tragödie perfekt. Sie eignete sich zum Heldenlied. Fritz Bechtold widmete es den »Deutschen am Nanga Parbat«. Alfred Drexel war an Höhenkrankheit gestorben, Uli Wieland, Willo Welzenbach, Willy Merkl beim Abstieg nach dem erfolglosen Versuch, den Gipfel zu erreichen. Dazu sechs Sherpas, die ihren weißen Herren, den Sahibs, »treu ergeben gewesen waren bis in den Tod«. »Schön muß es sein, mit dem Siegespreis dieses gewaltigen Berges nach Hause zu kehren, größer noch ist es, sein Leben hinzugeben um solch ein Ziel, den jungen Herzen kommender Kämpfer Weg und Flamme zu werden.« So endet Bechtolds Buch.
Zwei Jahre später, 1936, rief Merkls Halbbruder, Karl Maria Herrligkoffer, »bergsteigerische Jugend zu neuem Einsatz«.

Träger mit Bergsteigern am Kangchendzönga, Himalaja, Nepal

1937 starben sieben Sahibs und neun Sherpas den »Heldentod« am Nanga Parbat. Paul Bauer zum Drang deutscher Bergsteiger in den Himalaja: »Die Zerrüttung unseres Vaterlandes und der im Kampf (des Ersten Weltkriegs, Anm. R. M.) geschärfte Blick für das Große sind auch hier das Bewegende.«
Der »Berg der Kameraden« konnte auch 1938 und 1939 nicht bestiegen werden, obwohl Heinrich Harrer dabei war, einer der jungen Stars des deutschsprachigen Alpinismus, der »die Eiger-Nordwand durchklettert« hatte, »über den Gipfel hinaus bis zu unserem Führer«. Fritz Bechtolds Vision – »einmal aber wird auf dem Gipfel des Nanga Parbat die Hakenkreuzfahne wehen, und dann werden alle Fragen gelöst und die großen Opfer der deutschen Bergsteiger verstanden sein« – erfüllte sich nicht.
1953 erst ging das »Ringen um den Nanga Parbat« weiter. Die Briten hatten mit ihrer erfolgreichen Everest-Expedition bewiesen, daß sie die Tricks aus der Kolonialzeit immer noch beherrschten – bis zum Gipfel der Welt. Zur gleichen Zeit operierten deutsche und österreichische Bergsteiger »auf pakistanischem Boden«. Sie hatten den Segen Adenauers. Der Bundeskanzler der Bundesrepublik Deutschland selbst baute ihnen die Brücke aus der Zwischenkriegszeit zur Nachkriegstat: »In der Aufgabe, die sich die Deutsche Himalaja-Expedition 1953 gestellt hat, verbinden sich wissenschaftliche Ziele mit dem sportlichen Streben, die höchsten der unbekannten Berge Asiens zu meistern. Wir begegnen uns dabei kameradschaftlich mit den Bergsteigern anderer Völker und freuen uns, bei dem gemeinsamen Wettstreit mit den Gewalten der Natur gerade da zu ringen, wo sie am stärksten sind. Ich wünsche dem mutigen Beginnen, das sich an frühere vorbildliche Bergsteiger- und Erforschungsleistungen anschließt, vollen Erfolg.«

»Wandervogelromantik und der von der Misere des Alltags motivierte Eskapismus der arbeitslosen Bergsteiger der zwanziger Jahre, die individuelle Selbststilisierung zum Helden können ins Völkische degenerieren … Im Grenzfall wird Klettern zur nützlichen Vorübung für den Gebirgskrieg.«
Dietmar Polaczek

Nanga heißt »nackt« und Parbat »Berg«. Der »nackte Berg« wurde 1953 erstmals bestiegen, von einem Einzelgänger, einem Außenseiter, von Hermann Buhl – Ehrgeiz im Herzen, Pervitin im Blut. Karl Maria Herrligkoffer, der Leiter der Expedition, der selbst weder die Erfahrung noch die Fähigkeit dazu gehabt hätte, »ließ« bergsteigen, »damit der Tod und die Pionierarbeit der Helden vom Nanga Parbat nicht umsonst« gewesen wären und die Deutschen zeigen konnten, daß sie wieder da waren. Wenigstens beim Bergsteigen.
Was kam nach 1953, nach den sensationellen Erstbesteigungen von Nanga Parbat und Mount Everest? Der nationale Wahn ging weiter. Buchtitel beweisen es – *Kampf und Sieg am Nanga Parbat, Der einsame Sieg, Sieg am Mount Everest* –, und die Fahnen am Gipfel.
Fünfhundert und mehr Menschen lagern heute, bald fünfzig Jahre nach der Erstbesteigung, pro Saison am Fuße des Mount Everest. Alle wollen den Gipfel stürmen: Südkoreaner, Nepalesen, Taiwan-Chinesen, Amerikaner, Kanadier, Australier, Südafrikaner, Inder, Mazedonier, Franzosen, Finnen, Litauer, Spanier, Russen, Iren, Schweizer, Deutsche, Briten und Neuseeländer. Letztere konnten nicht mehr die ersten ihres Landes auf dem Gipfel der Erde sein, wie die meisten anderen, die mit nationalen Gefühlen – die Staats-, Provinz- oder Dorffahne im Rucksack – Geld und Anerkennung gesammelt haben, um zu einem »Kampf« aufzubrechen, der seit siebzig Jahren lächerlich ist. Damals propagiert von Volksverführern, Schizophrenen, Heldendichtern, und leider bis heute nicht abgeschafft – der nackte Wahn.

Abstecher Mount Everest

»Wir beschleunigen uns immer mehr, aber nur, um immer schneller dorthin zu gelangen, wo wir uns immer kürzer aufhalten.«
WOLFGANG SACHS

Vierzig Jahre nach der ersten Besteigung des Mount Everest kamen in Katmandu eine Handvoll jener Männer zusammen, die 1953 den langen und schwierigen Weg von der Hauptstadt Nepals bis zum Gipfel des höchsten Berges der Welt gegangen sind. Sir Edmund Hillary, der seit Jahrzehnten im Rahmen des Himalayan Trust Schulen und Krankenhäuser für die Sherpas baut, wurde von diesen warmherzig gefeiert. Er betonte dabei, daß ihm die »Entwicklungshilfe« für dieses lebensfrohe Bergvolk wichtiger ist als die »Eroberung« des Berges am 29. Mai 1953 mit Sherpa Tensing »für die Menschheit«. Und auch, daß es jetzt darum gehe, die Berge in Nepal vor jener Zerstörung zu schützen, die der Massentourismus mit sich bringt.

Lord Hunt, 1953 Expeditionsleiter – inzwischen 83 Jahre alt, aber erstaunlich fit –, setzte sich ebenso vehement für sauberes Trekking und Bergsteigen ein.

Was zur gleichen Zeit am Mount Everest passierte, war genau das Gegenteil von dem, was Hillary und Hunt forderten. Ein Anachronismus!

Allein neun Expeditionen tummelten sich in der Vormonsunzeit 1993 – März, April, Mai – an der Route über den Südsattel. Die meisten von ihnen wollten »zum vierzigsten Jubiläum der Erstbesteigung« auf den Gipfel der Welt, eine Ladies-Expedition genau am 29. Mai.

Zu den gut hundert Bergsteigerinnen – Frauen stellten ein Drittel der »Belagerer« – und Bergsteigern kamen mehr als hundert Sherpas, die über den berüchtigt-gefährlichen Eisbruch ins »Tal des Schweigens« wollten und weiter über die Lhotse-Flanke zum Gipfel. Die Zeltstadt im Tal des Schweigens war so groß wie ein mittleres Sherpa-Dorf, Abfallhaufen und Lärm blieben nur kurzfristig von Schnee und Lawinenabgängen überdeckt.

Zu den neun Expeditionen am Everest-Normalweg kamen zwei am Südpfeiler, eine an der Südwestwand und eine am Westgrat. Also nochmals hundert Menschen. Die einzige Gruppe, die sich etwas Neues vorgenommen hatte – Bergsteiger aus der Ukraine mit dem französischen Profi Christophe Profit –, sollte in Katmandu nicht eintreffen. Geldmangel? Sie wollten das dunkle, senkrechte Felsband in der Südwestwand erstmals durchklettern, das seit gut zwei Jahrzehnten vergeblich versucht wird.

Am Ende aber sollte eine Säuberungsexpedition aus Frankreich bis zum Südsattel aufsteigen und aufräumen. Vierzig Sherpas, vor allem aus Beding, waren für das Clean-up verpflichtet worden. Ob sie für die Tonnen von Plastik, Alu, Stahl, die vor allem am 8000 Meter hohen Südsattel lagerten, irgendwo eine Müllverwertungsanlage installierten? Ich weiß es nicht. Der Transport nach Europa – Helikopter am Berg, Inlandflüge, Überseeflüge – wäre aus ökologischen Überlegungen wohl kaum zu rechtfertigen.

Im Basislager des Mount Everest lebten in diesen drei Monaten also fünfhundert Leute in etwa dreihundert Zelten. Kilometerlang die bunte, stinkende Zeltstadt auf der Mittelmoräne des Khumbu-Gletschers. Und alle wollten nur eins, wieder nach Hause kommen und sagen können: »Ich habe den Everest auf eigene Faust bestiegen – als erste Sherpa-Frau, als erster Koreaner über die Bonington-Route, als erster Bürger von Buxtehude!« Nationalismus und Campanilismus treiben seltsame Blüten. Neben der sauerstoffarmen Luft, der Anstrengung, der

Leere Sauerstoffflaschen am Südsattel, Mount Everest, Himalaja, Nepal

»Da wird ins Basislager geflogen, und dann beginnt ein Wettlauf zum Gipfel, auf dem eine Stempeluhr stationiert ist. Fixseile gewähren den Wettläufern an besonders gefährlichen Stellen etwas Halt, zwei ständige Kontrollposten sind per Funk mit dem Basislager verbunden.«
Fritz März

Eislawine am Sugan-Gletscher, Kaukasus

Kälte und Gefahr nehmen Everest-Anwärter heute mehr Unannehmlichkeiten auf sich als die Erstbesteiger. Sie ertragen den Lärm, den Andrang am Hillary-Step. Es ergeht ihnen ähnlich wie den Katmandu-Touristen. Die Stadt dröhnt vom Gehupe und Motorengeknatter so, daß es weh tut. Die Luft ist so versmogt, daß viele Radfahrer mit Mundschutz fahren. Das Wasser ist untrinkbar, der Müll türmt sich am Straßenrand.
Mit dem vielgescholtenen Massentourismus hat der Niedergang von Katmandu wenig zu tun. Am Mount Everest hingegen wird es eng und laut. Aber auf das fünfzigmal kleinere Matterhorn steigen pro Saison zehnmal mehr Menschen. Das zeigt, daß die Menschheit, seit fünftausend Jahren seßhaft geworden, nicht mehr mit Nomadeninstinkten umgehen kann. Da nützt es auch wenig, wenn alle paar Jahre ein paar Bergsteiger aufräumen, was andere an Müll zurückgelassen haben.

Absturz im Gänsemarsch

»Wenn in den schweren Routen Bohrhaken Usus sind, warum sollen dann nicht auch die leichten Touren gut gesichert sein? Durch die Sanierung von Klassikern und die neuen Plaisir-Routen ist das Klettern in der Schweiz zu einem richtigen Volkssport geworden. Der Tourismus und die Bergführer profitieren davon, und in den weitläufigen Berggebieten nimmt die Umwelt keinen nennenswerten Schaden.«
Jürg von Känel

Das Mehr an Bergunfällen jeden Sommer hat nur eine Ursache: das Mehr an Menschen, die Jahr für Jahr ins Hochgebirge drängen. Wanderer und Bergsteiger sind heute vielfach besser ausgerüstet als in den Jahrzehnten unmittelbar nach dem Krieg, auch sind sie theoretisch geschult und technisch versiert.
Was sich verändert hat, ist die Einstellung zum Gebirge. Der Berg, den wir durch das Autofenster oder auf dem Fernsehschirm als Postkartenidyll wahrnehmen, wird in unserem Bewußtsein mehr und mehr zum Sportgerät. Wir gehen also dorthin zum Skifahren, Wandern, Klettern, Wildwasserfahren, Mountainbiken, Gleitschirmfliegen, wie andere in die Tennishalle gehen zum Tennisspielen oder ins Schwimmbad zum Baden. Die wachsende Masse von Touristen, die Jahr für Jahr auf immer mehr Modegebiete losstürmt, unterstreicht Gruppen- und Sportcharakter unseres Tuns. Was zum selben Zeitpunkt an ein und demselben Ort so viele machen, kann weder falsch noch gefährlich sein!
Dieses Empfinden scheint sich mit der Zahl der Akteure vor Ort zu steigern und ist trotzdem ein Trugschluß. Ein doppelter Fehler! Zum einen bleibt das Matterhorn gefährlich, obwohl oft dreihundert Menschen an einem einzigen Tag an seinen brüchigen Felsflanken herumklettern. Zum anderen gehen damit Werte wie Stille, Auf-sich-selbst-gestellt-Sein, Erhabenheit verloren – Werte, die das Bergsteigen ausmachen. Der Massentourismus stört also jenes Medium, das wir als Katalysator für den

gewünschten Selbsterfahrungsprozeß aufsuchen. Er zerstört am Ende den Wert des Bergsteigens.
Wenn zeitweise fünfhundert Menschen gleichzeitig versuchen, den Mount Everest zu besteigen, ist es nicht mehr derselbe Berg, der von Edmund Hillary und Sherpa Tensing erstmals bestiegen wurde. Und zwar nicht nur, weil eine Menge an Müll – leere Sauerstoffflaschen, kaputte Zelte, Verpackungsmaterial jeder Art – zurückbleibt, sondern auch, weil der Aufstieg im Gänsemarsch wenig fordert vom menschlichen Geist. Natürlich bleibt der Mount Everest gleich hoch, auch wenn er zum Rummelberg wird. Und abgestürzt kann auch in Serie werden. Die Bergtoten werden mit dem Massenbergsteigen nicht weniger, sie werden mehr.
Der Mensch heute glaubt, die Natur zu beherrschen. Er fühlt sich ihr sogar überlegen. Die meisten von uns sind überzeugt – auch wenn wir es nicht reflektieren –, daß wir Schäden in unserer Umwelt mit Hilfe der Technologie wieder ausbessern können. Alle Fehler könnten korrigiert werden, denkt der Alpinist. Irrtum! Hoch oben an den Grandes Jorasses kannst du nicht ausweichen, wenn über dir ein Sérac bricht – ein Eisklotz, 100 Meter lang, 15 Meter dick und 20 Meter hoch. Allein der Luftdruck würde reichen, alles in der Fallinie des Eissturzes in die Tiefe zu schleudern – auch einen Schutzwall.
Wer nicht am Berg umkommen will, darf nicht hinaufsteigen, oder er muß sich wenigstens einschränken. Rückzüge, Verzicht gehören zum Bergsteigen. Verhältnisse, Wetter, eigenes Können und Kondition sind in ihrer Summe nicht alle Tage optimal. Wer etwas über sich erfahren will »zwischen Himmel und Erde«, gehe dorthin, wo die anderen nicht sind, und lerne seine eigene Beschränktheit kennen. Nur so sind die Berge zu befrieden und die Akteure zu retten.
Müssen wir uns, weil wir uns offensichtlich nur wohl fühlen, wenn wir zu Hunderten und Tausenden zur selben Zeit am selben Fleck sind, der sich gegen den Gipfel hin auch noch verjüngt, so lange bedrängen, gegenseitig Steine auf den Kopf werfen, uns stark fühlen, bis die Gebirge daran kaputt gehen?
Der Niedergang der Gebirge ist nicht nur ein Phänomen ihrer Verwitterung. Er hängt heute auch mit dem Herdentrieb der Menschen zusammen. Der Absturz im Gänsemarsch ist nicht nur ein erstes Anzeichen dafür, daß der Mensch den kollektiven Selbstmord sucht, er symbolisiert die Perversion von Idee und Tat. Der Grenzgänger, der seine Grenzen auslotet und respektiert, ist altmodisch und out. In ist das grenzenlose Benützen der Gebirge – Bergzauber total.

»Die Zahl der Bergsteiger hat sich erheblich vermehrt, was auf folgende Faktoren zurückzuführen ist: genetische Veranlagung, die sich nicht mehr im Überlebenskampf erschöpfen muß; im Zusammenhang damit ein modernes Körperbewußtsein; Freizeit, wie sie keine Generation vor uns kannte, verbunden mit entsprechender Mobilität, und ein immer noch ordentlicher Wohlstand. Diese Voraussetzungen machen Sport, vor allem Sport in der Natur, zu einer Notwendigkeit unserer Zeit, die auch negativen Erscheinungen wie Gewalt, Drogen usw. entgegenwirken kann.«
Fritz März

Rettungshubschrauber, Air Zermatt, Schweiz

»Der Mensch ist ein ›Mängelwesen‹, dessen Natur es ist, ein Kulturwesen sein zu müssen: Der Mensch als das ›nicht-spezialisierte Säugetier‹ ist von Natur aus schlecht an seine Umwelt angepaßt und besitzt keine natürliche ›Öko-Nische‹, sondern muß sich seinen Lebensraum in der Natur erst mittels Arbeit selbst herstellen. In einer sehr langen Phase der Menschheitsentwicklung war diese mangelhafte Naturausstattung ein Nachteil für den frühen Menschen, der im Grenzbereich zwischen tropischem Regenwald und Feuchtsavanne eine Randexistenz führte. Aber sehr allmählich verwandelte sie sich in einen Vorteil: Weil der Mensch nicht biologisch auf eine Öko-Nische oder ein einziges Ökosystem fixiert ist, sondern sein Umweltbezug kulturell vermittelt ist, besitzt er die Voraussetzung, alle Ökosysteme der Erde besiedeln zu können.«
Werner Bätzing

In der Annapurna-Nordwestwand, Himalaja, Nepal

Richtlinien für Fernreisende

»In Klettergebieten in Mittelgebirgen sind die Felsen die letzten ursprünglichen Ökosysteme inmitten stark genutzter Kulturlandschaften und stellen deshalb für viele Tier- und Pflanzenarten den einzig möglichen Lebensraum dar. Die Bestrebungen von Natur- und Vogelschutzverbänden nach Kletterbeschränkungen hatten aus diesem Grund reinen Biotopschutzcharakter; nicht die gesamte Umweltverträglichkeit des Klettersports, sondern der Schutz gewisser, klar abgegrenzter Gebiete stand im Vordergrund. Dabei wurde auch die Forderung erhoben, daß nur noch in den Alpen geklettert werden solle, ohne die ökologischen Konsequenzen des so erzeugten Verkehrs in Betracht zu ziehen.«
NIKOLAUS SCHRANZ

»Ein Tagesausflug von München in die Dolomiten? Über die Brennerautobahn – vielleicht mit einer Rast da unten in dem alten Dorf Gossensaß, das schier erschlagen wird von dieser Autobahn und ihren Stelzen.«
WOLF SCHNEIDER

- Die Kunst, auf Berge zu steigen, ist getragen von der Spannung aus Vertrautheit und Fremdheit.
- Der Bergsteiger darf sich also nur in kleinen Schritten in die Wildnis vorantasten, die er unverändert zu hinterlassen hat.
- Das Können ist dabei das Maß des Dürfens.
- Im Gebirge gilt das Prinzip der Eigenverantwortung.
- Abfallentsorgung ist selbstverständlich, wobei nur Giftmüll (Medikamente, Batterien) in die Ursprungsländer zurückmuß.
- Müllvermeidung und Energieeinsparung gehen beim Bergsteigen Hand in Hand.
- Respekt gegenüber Einheimischen hat mit Beobachtung zu tun, nicht mit Belehrung oder gar mit Nippes-Verteilung.
- Richtiges Abenteuer bedeutet immer Ungewißheit, Risiko.
- Wer daheim im Mittelgebirge ausgesperrt wird und deshalb immer weitere Reisen unternimmt, um auf seine Art im Gebirge unterwegs sein zu können, ist auf dem Holzweg. Die Ursachen der Gebietssperrungen müssen erkannt und anschließend behoben werden.
- Dem Konflikt Freizeit–Naturschutz läßt sich auch im kleinen Alpenraum aus dem Weg gehen, steigen oder klettern, wenn wir Ballungsräume meiden.
- Jegliche Kletterwettkämpfe oder Bergrennen sind im Gebirge Nonsens.
- Kletterwettkämpfe müssen, obwohl energieaufwendig, auf künstliche Strukturen (Pisten, Wände) begrenzt bleiben.
- Die Technisierung des Bergsteigens beginnt nicht erst beim Bohrhaken. Das Funkgerät zur Unfallmeldung gehört dazu.
- Wer über Funk oder Telefon auch in seiner Freizeit verfügbar sein muß, bleibe im Hotel, Auto oder Büro.
- Je mehr Komfort (Seilbahnen, Sicherungshaken, Hubschrauberunterstützung) wir fordern, um so mehr von den Alpen opfern wir.
- Pionierleistungen finden heute ausschließlich in abgeschiedenen Gebieten statt oder bei Säuberungsaktionen, wenn es dabei um den Müll geht und nicht um die Mittel, auch noch zum Gipfel zu kommen.
- Nicht das Ob, das Wie muß immer wieder neu diskutiert werden.
- Alle Disziplinen sind gleich wertvoll.
- Fernreisen haben mit Kolonialismus und kriegerischem Tun nichts zu tun.

Rechte Seite:
Moose und Steinbrech, Alpen, Italien

Der Nanga Parbat mußte es sein,
der Berg der Deutschen,
immer wieder.
Sie kamen,
um ihren Heldenmut zu beweisen,
ihre Kraft, die Kameradschaft.

Sie kamen 1932, 1934, 1937,
und sie kamen um.

Im Schneesturm, im Delirium,
mit erfrorenen Füßen,
am Nanga Parbat gefallen.

»In Nibelungentreue
fordern wir Rache
am deutschen Schicksalsberg.«

Also kamen sie wieder,
gruben 16 Tote aus der Lawine,
warfen Leichen
vom Wächtengrat,
machten den Weg frei
für den Endsieg.

»Am Gipfel
die Fahne des Führers!«

Alle Mannschaften scheiterten
an ihren Idealen.

Heute endlich,
obwohl der Nanga Parbat
im Reisebüro zu buchen ist,
können alle hinaufschauen
zum Gipfel, von dem sie
damals herabschauen wollten.

Nanga Parbat und
Mazeno-Kamm,
Himalaja, Pakistan

»In den Bergen
wohnt die Freiheit«,
und nichts als die Freiheit.
Keine Verkehrszeichen,
keine Polizei, keine Regeln.
Wenigstens nicht auf Dauer.

Im Donautal
wurde das Klettern verboten.
Nicht, weil der Schiffsverkehr
beeinträchtigt gewesen wäre.
Wegen der Vögel,
der Fische, der Waldtiere.

Für die Besteigung
des Mount Everest
braucht es ein Permit vom
Ministerium für Tourismus.
Es kostet Geld.

Am Falkenstein
darf zur Brutzeit
nicht geklettert werden.
An den Kalkwänden daneben
nur nach der Teufelskralle.
Auf der Schwäbischen Alp
fast nirgendwo.

Auch an der Eiger-Nordwand
war das Klettern verboten.
Aber nicht um Adler, Moose
oder Edelweiß zu schützen.
Die Bergsteiger mußten
vor ihrem eigenen Heldenmut
geschützt werden.

Im Monument Valley,
USA, herrscht Kletter-
verbot.

Müllhalde am Fuße
des Mount Everest,
Himalaja, Nepal

Nichts bleibt am Berg!
Natürlich sind wir alle dafür.
Grundsätzlich.
Doch wenn dann
im Schneesturm
das Zelt zerreißt,
die Matte davonfliegt,
die Dosen leer sind,
wird so vieles
zur wertlosen Last.
Wir lassen es liegen.

Wenn das Seil hängt,
beim Abziehen,
auf der Flucht
vor Blitz- und Steinschlag,
bleibt ein Stück davon hängen.

Wenn die Sauerstoffflaschen
leer sind,
werft sie nicht in den Schnee,
stellt sie an den Wegrand,
als Warnsignale,
auf daß die Mülltrupps
sie finden.

DEUTSCHES
UR AUS
8 MÜNCH
UTSCHE NSTITUT
SLANDSFORSCHUNG
Dr. K.M. Herrligkoffe
EN 70 West-Germa

Einer hält seine Hand
in die Runde:
Die Finger fehlen.
Erfroren am K2 im Karakorum.

Ein zweiter zeigt sein Knie.
Die Scheibe blieb am Fels,
in tausend Splitter verspritzt,
irgendwo
zwischen See und Waldrand.
Man kann auch
ohne Kniescheibe klettern.

Der dritte lüftet die Mütze.
Er tastet nach einem Loch
in der Schädeldecke,
eigroß und eckig.
Steinschlag im Dru-Couloir.

Dann kommen
gebrochene Knochen,
durchgerissene Sehnen,
das zertrümmerte Fersenbein,
erfrorene Zehen,
Schneeblindheit,
Lungenödem,
Kollaps.

Es fehlen nur
die Querschnittsgelähmten.
Der Wahnsinn zählt hier nicht,
und die meisten Toten
sind längst vergessen.

Wunden zeigen
wie bei Kriegsveteranen
nach der Heldenehrung.

Basislager in der
Annapurna-Gruppe,
Himalaja, Nepal

Jedes Jahr kommen sie wieder.
Die anderen.
Mit dem schmelzenden Schnee
im Frühsommer
wachsen die Horden.
Und sie steigen
immer weiter hinauf.
Und es werden immer mehr.

Nach jedem Gewitter,
nach jedem Schneefall
kommen sie aus den
noch nachtschattigen Tälern
gekrochen:
einzeln,
im Gänsemarsch,
in Gruppen,
alle auf der Suche
nach der Quelle des Glücks.

Der Wettlauf zum Gipfel
beginnt,
als gäbe es Stille und Einsamkeit
nur dort.

Für alle gleichzeitig aber
sind auch Gipfel banal.
Also zurück.
Alle sind auf der Flucht.

Ich bin immer dort hingegangen,
wo die anderen nicht waren:
immer weiter hinauf,
immer weiter weg.

Seit sie mich eingeholt haben,
die anderen, in Horden,
gehöre ich dazu.
Ich bin ihresgleichen.

Lyskamm von Norden,
Wallis, Schweiz

»Der Appell an die Verantwortung des einzelnen ist deshalb wegen der hohen Bedeutung der gesellschaftlichen Organisationssysteme nur die halbe Wahrheit. Es erscheint mittlerweile schon fast wie ein Element von Political Correctness in unseren politischen Diskussionen, daß wir uns alle immer wieder einreden, alle Probleme wären letztendlich dadurch zu lösen – und alleine dadurch zu lösen –, daß wir auf die Verantwortung des einzelnen setzen, daran appellieren und dies für allein entscheidend halten. Dieser zu enge Ansatz wird immer wieder scheitern, wie schon die Historie lehrt. Nur eine vernünftige, auf die Natur des Menschen zugeschnittene gesellschaftliche Ordnung erlaubt Menschen, in vernünftiger, moralisch und ethisch akzeptabler Weise miteinander zu leben. Dieses System Menschheit ringt aktuell um seine Größe und seine Struktur, wobei nicht klar ist, wohin dieser Weg führen wird.«

Franz Josef Radermacher

Schneekanonen
im Einsatz in Kurzras,
Schnalstal, Südtirol

Stahl,
Beton,
Fenster,
den Straßen entlang,
nebeneinander,
übereinander,
hintereinander,
in Reihen geordnet,
ergeben sie
Städte:
monoton,
stereotyp,
anonym.

Immer dieselben Menschen,
und ein paar andere,
aber keine,
die man kennt.
Unsere Zellen sind gleich.
Wir haben alles gemeinsam:
Licht,
Heizung,
Fahrstuhl.
Auch das Fernsehprogramm
ist dasselbe.
Am liebsten
gehen wir uns aus dem Weg.
»Guten Morgen«,
kein Wort zuviel,
und sonst
sind wir ans Heucheln
gewöhnt.

Ferienwohnungen
im Val di Fassa,
Trentino, Italien

Wir,
in die Mitte der Welt gestellt,
keinen bestimmten Grenzen
unterworfen,
bewegungshungrig,
mobil,
gestreßt,
reich an Freizeit und Eitelkeiten,
dürfen in den Bergen
Umschau halten,
wenn wir uns dabei beschränken –
in den Mitteln
sowie im Erschließungswahn.
Nicht »Berg Heil«,
»Heile Berge«
sei unser Gruß.

Himalaja-Kette
(Mount Everest,
Cho Oyu) von Norden,
Tibet

»Dieser menschlich mitgeprägten und schützenswerten Umwelt, die sowohl Lebensgrundlage der Einheimischen als auch Grundlage des Tourismus ist, droht von zwei Seiten Gefahr: Einerseits reduziert die Intensivierung der Nutzung – von landwirtschaftlichen Meliorationen bis hin zur Anlage von Ski- und Transitautobahnen – die ökologische Vielfalt und die Stabilität der alpinen Landschaft, andererseits führt die Vergandung und Nutzungsaufgabe zur Verbuschung der Kulturflächen, was mit dem Verlust der ökologischen Vielfalt und auf extremeren Standorten auch mit ökologischer Instabilität verbunden ist.«
WERNER BÄTZING

Lawinenverbauungen oberhalb von Zermatt, Schweiz

Ob Gipfelglück
oder Hüttenstempel,
der Berg ruft immer noch.
Die Aussicht getrübt vom Smog,
die Ruhe zerrissen
vom Klingeln der Handys,
steht der Naturfetischist
als Idealist
auf der Spitze seiner Rekorde.
Auch Heimatverklärung
und Schollenbeschwörung
mischen sich
in das »Berg Heil«-Gefühl
ganz oben.

Daß auf den Almen
mehr Touristen als Rindviecher,
in der Liftschneise Abfälle,
allerorts Markierungen
herumliegen,
gehört heute dazu.
Überall Warntafeln,
Verbotsschilder,
Richtungsweiser.

Immer noch,
wenn der Berg ruft,
steigen wir in ein Auto,
fahren bis zum Ende des Tales,
klettern dort in die Seilbahn,
schweben zur Hütte
und träumen davon,
vom Gipfel herunterzukommen:
mit einem Stempel
und ein paar Fotos vom Glück.

Autobahnzubringer
der Alemagna, Italien

SCHNALSTAL
VAL SENALES

»Auch die Aussage, Verkehrsinfrastrukturen würden Arbeitsplätze schaffen, stimmt nicht. Gute Verkehrsverbindungen und billiger Transport sind heute die Hauptursache für die Zunahme der Arbeitslosigkeit in den reichsten Ländern Europas geworden. Immer mehr Industrien werden in jene Länder ausgesiedelt, die die günstigsten Produktionsbedingungen (meist in Form von niedrigen Löhnen) bieten.
Die Autobahnen dienen nur mehr der Verbindung der großen Ballungszentren, alles, was dazwischenliegt, ist reines Transitland.«
Helmuth Moroder

Parkplatz und Skipiste in Kurzras, Schnalstal, Südtirol

»Die Alpen sind groß genug, und vielleicht wäre es nicht der schlechteste Weg, wenn sich das Zukunftskonzept des reinen Spaßurlaubes in den Bergen an wenigen Punkten kristallisierte. Dann könnten die einen bei Go-go-Girls in der Diskothek zu Techno-Schlägen den Winter vergessen und die anderen ihn in aller Stille genießen. Und dann wird sich vielleicht zeigen, daß zwei konträre Welten friedlich nebeneinander existieren können.«
JAKOB STROBEL Y SERRA

Seilbahnstation und Heustadel oberhalb von Zermatt, Schweiz

»Alles ist mehr als hundert Jahre gutgegangen. Wir waren die Erschließer der Berge. Der englische Alpine Club wurde 1857 gegründet, fünf Jahre später der OeAV, SAC und CAI 1863, der DAV 1869 (DAV und OeAV schlossen sich 1873 zusammen), der CAF entstand 1874. 1932 gründete man die UIAA, die heute Vereine aus 61 Nationen vertritt. Von 1786 an (da war die Montblanc-Erstbesteigung und für uns die Geburt des Alpinismus) gingen die Menschen mit gutem Gewissen in die Berge. Es wurden Hütten gebaut (die Stüdlhütte 1868 als erste in den Ostalpen), Wege (deren Länge heute rund um die Erde reicht), es wurde Kartographie betrieben, Ausbildung, Sicherheitsforschung. Nur: Wer konnte sich früher schon Urlaub und Bergfahrten leisten? Es waren wenige. Heute sind wir viele, und wir werden gern als Umweltstörer Nr. 1 hingestellt. Es gibt zu viele Bergsteiger, Kajakfahrer, Mountainbiker, Gleitschirmflieger, Skitouristen. Es gibt zu viele Autofahrer, Wanderer, Falschparker. Es gibt überhaupt zu viele Menschen.«
CHRISTOF STIEBLER

Im Gänsemarsch mit Führer und Hund am Gletscher, Wallis, Schweiz

Auf dem Everest
steht kein Kreuz.
Den Machapuchare
betritt niemand.
Den Kailash
umrundet man.
Auf dem Cotopaxi
und auf dem Popocatepetl
sind keine Kreuze,
sondern Krater.
Hier im Abendland jedoch
kreuzelt's allerorten ...
Der Gang der Dinge
wird die Zeichen im Gebirg'
wieder beseitigen.
Irgendwann.
Die Natur wird schließlich
das Zeug der Menschen,
die Heiligtümer und Sinnmale,
entsorgen.
Die Holzkreuze
werden verwittern zum Nichts,
die gußeisernen Gedenkmale
zerrosten,
die Kapellen einstürzen.
Die Seilbahnstützen
auf den Gletschern
werden zusammenfallen.
Denn der Gletscher fließt.
Der Berg bewegt sich ...
Im Lauf der Zeit.
HELMUTH ZEBHAUSER

Gipfelkreuz am
Aconcagua, Anden,
Argentinien/Chile

»Man schwärmt in die ganze Welt hinaus. Die unzugänglichsten Landschaften (wie Dschungel, Gebirge oder Wüste) werden zu den neuen Stadien der Moderne, wo der Mann ohne Eigenschaften mit der Legende per du verkehrt, er seine Kräfte aufs alleräußerste anspannen und sein Leben symbolisch in die Waagschale werfen kann, um endlich jenen Sinngewinn zu erzwingen, der seinem Leben Erfüllung bringt.«
DAVID LE BRETON

Vorbei: Der einzelne im Gasherbrum-Eisbruch. Heute steigen hier oft hundert und mehr Menschen zugleich über einen vorbereiteten Trampelpfad.

Rettet die Alpen

Mein erstes Buch, *Zurück in die Berge*, habe ich als fünfundzwanzigjähriger Aussteiger geschrieben. Meine Verweigerung richtete sich aber nicht gegen den Staat und die kapitalistische Welt, sie suchte sich jenseits von Datennetzen und Polizeigesetzen eine Existenz, ein Reservat zur Selbstäußerung. Mein alternatives Denken lenkte meine Lebensweise – eine von den inneren Bedürfnissen bestimmte Lebensweise, die durch etablierte Kräfte überall behindert schien.
Ich stehe nach wie vor zu diesem *Zurück in die Berge*, das, längst vergriffen, hier da und dort zitiert wird. Obwohl die Alpinistik anders vorwärtsging, als ich es gewünscht habe, fühle ich mich mitverantwortlich für das Morgen.
»Unsere Krise ist die Krise des Sattseins«, schrieb ich damals. »Wer kennt nicht das Gefühl, im Wohlstand zu ersticken?« Ich wollte allerdings nie kaputtschlagen, was mich kaputtmachte. Ich konnte nur meinen Weg gehen. Das Bergsteigen war mein erster Schritt dazu. Wohl deshalb wollte ich im Untertitel das Wort »Lebensform« mit »Lebenshilfe« ersetzt haben.
Mir geht es hier weniger um eine politische Antwort auf die Moralfrage vom Dürfen im Verhältnis zum Können des Menschen. Die Probleme der Überbevölkerung und des wachsenden Ressourcenverbrauchs, einer zu hohen Beschleunigung der Innovationsprozesse und weltweiter Globalisierung können wir Bergsteiger allein nicht lösen. Weder auf die globale Erwärmung noch auf das Management der Biosphäre oder das Transitproblem in den Alpen werden wir wesentlichen Einfluß haben. Letzteres wird noch gravierender werden, weil die europäische Wirtschaftsentwicklung auf mehr Verkehr aufbaut und die West-Ost-Transitachse zum Süd-Nord-Verkehr durch die Alpen hinzukommt.
Nicht nur der Mensch zerstört Natur, wenn er seine Natur entfaltet, Naturzerstörung gehört zum Natürlichsten der Welt. Der Zynismus dabei: Sollte der Mensch meinen, er könne die Natur endgültig zerstören, übernimmt er sich. Die Natur hat ein schier unerschöpfliches Erneuerungspotential.
Mein Anliegen ist nun nicht, den Untergang des Bergsteigens zu verkünden oder einen Verhaltenskodex für »richtiges Bergsteigen« vorzulegen. Ich möchte die Berge zeigen, wie wir sie heute vor uns sehen, und Überlegungen anstellen, wie wir aus einer

Wir leben in einer modernen Zeit, natürlich gehen wir mit der Zeit, und es gilt heute als vornehm, keine Zeit zu haben. Wir sind eingespannt zwischen gestern und morgen und fliegen von Hamburg nach Rom, von Paris nach Wien – in wenigen Stunden. Tempo entscheidet, der Raum ist klein.

Der Mensch ist Teil und Gegenteil von Natur. Dies gilt auch für den Bergsteiger.

Linke Seite:
In »Locker vom Hocker« an der Schüsselkarspitze, Wettersteingebirge, Österreich

»Die Alpen sind Verkehrshindernis und sollten es zu Recht bleiben. Europa ist mit dem gemeinsamen Binnenmarkt und der Währungsunion dabei, den Verkehr unglaublich zu vervielfachen. Es braucht im Prinzip eine neue europäische Verkehrspolitik.«
WERNER BÄTZING

unpolitischen, nur der Freiheit der Berge verschworenen Naturschwärmergemeinschaft zu Alpinisten mit ökologischer Eigenverantwortung werden. Wir dürfen ohne Umweltkomplex bergauf, bergab steigen, sind weder »Alpenkonsumenten« noch »Naturnützer«, müssen aber lernen, uns im Drang hinaus in die Natur einzuschränken, wenn wir die Alpinistik retten wollen. Weil wir so viele geworden sind!

Obwohl der Eroberungs- und Enthaltsamkeitswahn im Gebirge aufhört, titanische Gipfelsiege und das Bergbahnfieber suspekt werden – die Touristenflut nimmt zu. Mit Heimatromantik sind weder die Naturlandschaft noch der Zusammenbruch der Berglandwirtschaft aufzuhalten. Deshalb fordere ich für die Alpinisten eine Pionierrolle, wie wir sie bei der touristischen Erschließung der Alpen innehatten, nur mit umgekehrtem Vorzeichen. Es geht um die Verantwortung für den Schutz der Gebirge.

»Als unvorstellbar gilt, der Mensch könne sich aus freiem Entschluß zurückziehen. Grenzen sind dazu da, überschritten zu werden. Dies gilt als Lehrsatz und als Schicksal, am unerbittlichsten bei denen, die von Freiheit sprechen; den furchtbarsten Widerspruch zu ihr, der in einem Zwang zum Überschreiten steckt, bemerken sie nicht. Freiheit wäre da, wo wir an einer Grenze sagten: Es ist genug. Es reicht uns. Dies ist meine Utopie, und sie ist so gut wie jede andere. Wie sieht es aus an einem Ort, von dem der Mensch sich wieder zurückgezogen hat? Friedlich und schön. Der Boden besteht aus Moosblüten, die zwischen runden grauen Steinen wachsen.«
ALFRED ANDERSCH

Wir können und wollen nicht zurück in ein früheres Zeitalter. Die Mobilität allerdings, die eine Erschließung von Berggebieten durch Bahnen und Straßen fordert, muß, da Ursache der meisten Umweltschäden außerhalb der Siedlungsräume, in Frage gestellt werden. Dabei geht es nicht nur um das Überleben möglichst vieler Pflanzen- und Tierarten, es geht auch um die Werte Größe, Stille, Harmonie, Gefahr, ohne die das Gebirge für uns wertlos ist.

Warum?

Die Frage, die mir häufiger als jede andere gestellt wird, ist die Frage nach dem Warum. Ja, warum steigt einer auf den Mount Everest? Allein, ohne Sauerstoffgerät, im Monsun? Niemand hat mich dazu gezwungen – außer ich selbst. Ich war besessen von dieser Idee, einer Möglichkeit der Auseinandersetzung zwischen dem Berg und mir. Nein, ich suchte keinen Kampf, keinen Sieg; und mein Obensein war nicht Eroberung im herkömmlichen Sinn. Ich war nur da, wo ich hinwollte.

Ich weiß, dieses mein Tun ist nicht produktiv, es ist nur möglich. Nutzlos, mißt man es mit profanen Maßstäben, und gefährlich für den einzelnen, sieht man in einem frühen Tod ein Unglück. In einer Gesellschaft, die Produktivität und Gewinn zum Maßstab des Wohlstandes erhoben hat, ist es absurd, auf den Mount Everest zu steigen: Da oben wächst nichts, kein Öl ist zu holen, auch kein Gold. Trotzdem, gerade dort wollte ich hin, obwohl ich mich so hoch oben nicht wohl fühle. Vielleicht,

Steinböcke im Gran-Paradiso-Gebiet, Italien

weil ich in dieser lebensbedrohenden Wildnis viele meiner Fähigkeiten ausdrücken kann, vielleicht auch, weil mir als Grenzgänger zwischen Leben und Tod wesentliche Erfahrungen zuwachsen. Nein, ich suche da oben nicht ein frühzeitiges Ende, ich fordere mein Leben. Bergsteigen als »Widerstand gegen den herausgeforderten Tod« (Gottfried Benn) muß von einer Produktionsgesellschaft, die auch Kunst und Freizeit nach den Marktgesetzen von Angebot und Nachfrage beurteilt, mißverstanden werden als eine Lebensform im Abseits.
Mir persönlich stellt sich die Frage nicht so. Ich teile mein Leben nicht in Arbeit und Freizeit ein. Ich konsumiere weder mein Leben noch irgendwelche Güter; ich fülle mein Leben aus. Tag für Tag. Ich glaube nicht, daß der Mensch irgendeine Bestimmung hat, den Inhalt des Lebens erfinde ich mir selbst.
Warum geht einer dann doch an die Grenzen seiner Leistungsfähigkeit? Vielfach aus denselben Gründen, aus denen jemand überhaupt Leistung sucht. Aus Ehrgeiz, aus Eitelkeit, aus Lust. Ja, auch Lust an der Leistung. Wenn die Grundbedürfnisse des Lebens befriedigt sind, bleibt uns Zeit und Kraft, zu spielen. Unsere Energien, unsere Ideen, unsere Fähigkeiten auszuspielen. Wer dabei die größten Forderungen an sich selbst stellt, sucht seine Leistungsgrenze. Das bringt ihm auf einem Gebiet vielleicht Ruhm – in der Kunst, im Sport, in der Politik –, auf ei-

»Die Geschichte des Lebens auf der Erde ist vor allem die Wirkung eines wahnwitzigen Überschwangs: Das beherrschende Ereignis ist die Entwicklung des Luxus, die Erzeugung immer kostspieligerer Lebensformen.«
Georges Bataille

»Die Freiheit gilt als das höchste Gut, die Crux ist anscheinend nur, daß nicht jedermann und jedefrau mit diesem Gut so umgeht, daß damit die Freiheit des anderen nicht gefährdet ist. Also bedarf es der Beschränkungen, auch im Gebirge, in dem doch die Freiheit wohnen soll. ›In Fällen, wo es für das Überleben von Arten oder zum Schutz von Biotopen unerläßlich ist, muß es Betretungsverbote geben. Daneben muß es aber auch Gebiete geben, in denen sich rücksichtsvolle Bergsteiger frei bewegen können.‹ Das ist die Sprache, erfahrbar im Faltblatt ›Helfen wir den Alpen‹.«
WILLI SCHWENKMEIER

nem anderen Gebiet mehr Geld – in der Industrie, im Handel, in der Technik –, vielfach erntet er beides. Vor allem aber erntet er Selbstbefriedigung, Selbstwertgefühl, Lebenslust. Ich persönlich glaube nicht, daß die Hoffnung auf Ruhm und Geld ausreicht, einen Menschen bis zur persönlichen Leistungsgrenze zu fordern. Auch sind mir Leute zuwider, die sich »aufopfern«. Für was auch immer: für die Familie, für die Firma, für einen Verein. Ihr »Idealismus« ist mir suspekt. Wer als Leistungsmensch nicht mit Begeisterung an seinem Platz steht, steht am falschen Platz.

Jedes meiner Abenteuer ist ein Einsatz wider die Nützlichkeit. Sosehr ich davon überzeugt bin, daß das Bergsteigen »die Eroberung des Nutzlosen« ist, sosehr zweifle ich an der Nützlichkeit menschlichen Tuns. Was bringt im Endeffekt der menschlichen Gesellschaft, noch fraglicher, dem Kosmos, Nutzen, was Schaden? Ich brauche für mein Tun keine allgemeingültige Rechtfertigung – es muß nur mir wichtig sein. Dabei unterliegt alles Tun, ob nützlich oder nicht, denselben Gesetzmäßigkeiten. Erfolg hat nur, wer sich mit einer Sache identifiziert, wer hundert und nicht nur 99 Prozent richtig macht. Zudem ist der Erfolg nicht nützlicher als das Scheitern, er löst nur andere Empfindungen in uns aus. Und bringt meist Anerkennung. Allerdings bezweifle ich, daß die Aussicht auf diese Anerkennung, in welcher Form auch immer (Lob, Geld, Medaillen), ausreichen würde, mich den Anstrengungen und Gefahren einer Expedition auszusetzen, die stets zu meiner eigenen Leistungsgrenze führt.

Mindestens die Hälfte meines Lebens ist vorüber, und ich fordere mich immer noch. Ich frage mich allerdings nicht mehr, warum. Erst wenn ich von einer Idee besessen bin, breche ich auf. Sie muß mich sprengen, tragen, fordern. Ich frage mich dann nicht mehr nach Gewinn und Verlust; die Neugierde ist mein Treibstoff, die Leistungsgrenze wird nicht gesucht, sondern erreicht. Bis hierher und nicht weiter! Ich frage mich dabei auch nicht, ob es sich wieder lohnt, mich bis zur Grenze einzusetzen, mich so zu engagieren. Ich tue es. Dabei all die Hoffnung und Verzweiflung zu spüren, derer ein Mensch fähig ist, die Angst zu fühlen, sowohl Kraft als auch Schwäche zu erleben, das alles hilft, dein Menschsein ein bißchen zu relativieren, deine Persönlichkeit zu entwickeln. Erfahrungen mache ich in erster Linie, wenn ich mich bis an meine Grenze verausgabe, nicht wenn ich riskiere.

Wie viele von uns werden zur Leistungsgrenze getrieben! Der sportliche Wettkämpfer von der anfeuernden Zuschauermasse, der Angestellte vom vorgegebenen Soll, der Freiberufler von den Konkurrenten. Diese Fremdbestimmung ist ein Syndrom unserer Zeit. Gestern war sie noch nicht so groß. Ich denke nicht, daß es die Absicherungen in der modernen Wohlfahrtsgesellschaft sind, die uns an die Leistungsgrenze treiben oder locken. Es sind vielmehr Mechanismen der Wirtschaft und des Sports. Der Konkurrenzkampf unter den Menschen wird zusehends härter – die Menschheit wird ja auch immer größer. Es ist schwierig, sich von diesen Zwängen freizuschwimmen.

Die Kraft, frei zu sein, hängt mit der Intensität unserer »Träume« zusammen. Realität und Traum können deckungsgleich werden. Du denkst dir etwas aus, hast eine Idee und bist später fähig, diese in der Realität zu leben. Das gibt ein Gefühl des Einsseins von Geist, Körper und Kosmos. Selten habe ich so viel innere Harmonie verspürt wie nach einer Erstbegehung, die ich genau nach meinen Vorstellungen verwirklichen konnte. Die gekletterte Linie, der schöpferische Akt dabei, macht mich frei. Oft kam ich mir dabei vor wie ein Architekt oder ein Maler. Keinen Augenblick lang die Notwendigkeit, mein Tun legitimieren zu müssen. Diese gekletterte und trotzdem nur denkbare Linie in der Wand, meine Route, war ein Beweis meines Geistes.

Ich versuche immer wieder, neue Ideen zu verwirklichen, auch mit dem Risiko des Scheiterns dabei. Also Leistungswille, nicht Leistungsdruck. Der Mut zum Egoismus ist die Voraussetzung für diese »freie« Lebenshaltung. Das gilt für den Arzt ebenso wie für den Forscher oder den Unternehmer. Es ist Unsinn, anzunehmen, daß ich andere durch meinen persönlichen Leistungswillen herabsetze. Ich beunruhige sie vielleicht damit. Ich will mit meinem Tun nicht den anderen überlegen sein, sondern an mich möglichst hohe Anforderungen stellen. Ich möchte Initiator und Akteur meiner Unternehmungen bleiben. Die immer relative persönliche Freiheit wächst weniger mit dem, was man von anderen zu erwarten hat, als vielmehr mit dem, was man von sich selbst fordert.

Nicht wer die Grenzen überspringt, die in uns liegen, ist verrückt, sondern wer sie negiert, wer die Grenzen der Natur nicht anerkennt. Ich plädiere für Mut, nicht für Größenwahn, für Selbstforderung, die adelt, und nicht für jene hehren Phrasen, mit denen sich eine Berg-Heil-Gesellschaft beweihräuchert. Für diese »elitäre« Lebenshaltung erwarte ich keinen Applaus. Ich erwarte auch kein Einverständnis. Ich erwarte Widerspruch und nehme mir weiterhin die Freiheit, aufzubrechen, wohin ich will.

Reinhold Messner in der »Micheluzzi« am Piz Ciavazes, Dolomiten, Italien

»Es gibt etwas im Menschen, das ich einmal bezeichnet habe als die ›Trotzmacht des Geistes‹ gegenüber Ängsten und Schwächen der Seele. Der Kampfsport kennt Konkurrenten und Rivalen; der Alpinist konkurriert und rivalisiert nur mit einem, und das ist er selbst. Er verlangt etwas von sich, eine Leistung, auch eine Verzichtleistung – wenn nötig.«
VIKTOR E. FRANKL

Der sanfte Tourismus

»Sanfter Tourismus ist die Quadratur des Kreises, eine Form des Reisens, die für alle Beteiligten bei den geringstmöglichen Kosten den größtmöglichen Gewinn bringt, ökonomisch, kulturell, sozial und ökologisch. Er soll wirtschaftlichen Gewinn bringen, die Umwelt schützen, die Kultur bewahren und schließlich auch noch die Touristen zufriedenstellen. In der Realität sieht Tourismus bislang ganz anders aus.«
JOST KRIPPENDORF

Es ist unglaublich. Aber es ist wahr. Unser Wohlstandsmüll liegt inzwischen auch dort, wo die Welt am wildesten ist, im Himalaja. Schuld daran ist der Massentourismus. Das heißt wir selbst. »Der Everest ist von unten bis oben mit Schrott übersät und mit ein paar Leichen dazu«, sagt der Erstbesteiger Sir Edmund Hillary.

Vor bald fünfzig Jahren, als der höchste Berg der Erde zum ersten Mal bestiegen wurde, war der Gipfel noch sauber, Nepal ein intaktes Land. Später stand am Gipfel ein Aluminiumstativ (Chinesen haben es 1975 dort verankert), heute ziert ihn Müll. Auch auf dem Südsattel in 8000 Meter Meereshöhe ist der Weg mit Metall und Nylon markiert: eine Unzahl leerer Sauerstoffflaschen, Zeltreste, Eispickel, Konservenbüchsen und Steigeisen. Der höchste Müllplatz der Welt! Am Fuße des Berges, auf dem Toteis des Khumbu-Gletschers, ist die Luft zwar nur halb so dick wie an der Adria, die Abfallhaufen aber sind größer. In den vergangenen fünfzig Jahren haben Hunderte von Expeditionen dort ihre Basislager erstellt. Es ist ein Jammer: Über einige Quadratkilometer verteilt liegt der Dreck von einigen tausend Fernreisenden, die häufig nur hinauf und heim wollen. In bunten Halden türmen sich die Kulturzeugen aus einer anderen Zivilisation. Die Sherpas und Tibeter aus Solo Khumbu kommen mehrere Tagesmärsche weit angewandert, um Büchsen und Plastikcontainer einzusammeln. Sie benutzen sie daheim zum Kochen und Wasserholen.

Mitte 1980 hat der Deutsche Alpenverein in München eine Himalaja-Konferenz inszeniert, mit Wissenschaftlern, Bergsteigern und Tourismusfachleuten aus aller Welt. Man hat endlich darüber geredet, wie der Himalaja gerettet werden könnte. Dabei waren, wie bei den Reisenden in Katmandu, zwei Gruppen zu unterscheiden. Die einen, meist mit Rucksack auftretend, braungebrannt und fröhlich, schwärmten für Trekking und die Berge. Die anderen, meist blaß und mit erhobenem Zeigefinger, waren besorgt und gegen jeden Himalajatourismus.

Ich behaupte, daß wir das eine mit dem anderen in Einklang bringen können. Wir haben das Recht, den Himalaja zu besuchen, wir haben aber gleichzeitig die Pflicht, uns dort so zu verhalten, daß keinerlei Schäden bleiben. Das nennt man dann »sanftes Reisen« oder auch »Öko-Tourismus«.

Ich weiß, daß diese Forderung spät kommt. Aber nicht zu spät. Der Tourismus ist für die Himalajaländer eine wesentliche Einnahmequelle, vielerorts der wichtigste Devisenbringer über-

haupt. Der Himalaja ist umgekehrt für viele von uns ein einmaliges, ein besonderes Stück Erde, in dem wir unser Menschsein erfahren können. Wie sollen wir die Naturgesetze kennenlernen, wenn es keine reißenden Flüsse, keine Gletscher, keine unberührten Weiten und Höhen mehr gibt?
»Raubt dem Himalaja nicht seine letzten Geheimnisse«, hat Oswald Oelz in München gefordert. Markierte Wanderwege, Schutzhütten und Seilbahnen wären dort ein Unsinn. Das vorhandene Kartenmaterial ist gut und reicht aus. Viel wichtiger als alles andere ist die Erkenntnis, daß jeder all seinen Müll wieder mit ins Tal bringt, daß er die Menschen und die Kultur des Gastlandes respektiert und daß er deren Energiereserven nicht angreift.
Die Katastrophe der rapiden Entwaldung des Himalajas hat zwar ihren Ursprung in der Überbevölkerung, durch den Brennholzverbrauch der Bergsteiger aber wird sie verschärft. Das Wasser dort ist vielfach verseucht, voll mit Krankheitserregern; wirft aber jede Expedition alle übriggebliebenen Chemikalien und Medikamente in den Gletscher, dann ist es bald vergiftet.
Seit Jahren schon koche ich bei meinen Expeditionen mit Gas, den Müll verbrennen wir oder tragen ihn zurück in die Städte. Nur verwesliche Naturprodukte werfen wir in Gletscherspalten. Die Eisströme zermürben alles, sie sind wie Müllverwertungsanlagen. Die Sherpas sind schon seit Jahren nicht mehr meine Hochträger; ich gliedere sie als gleichwertige Mitglieder in meine Expeditionen ein. Wir respektieren ihre Bräuche und Götter. Am Kangchendzönga, er ist der dritthöchste Berg der Erde, bin ich wenige Meter unter dem Gipfel stehengeblieben, um die Gefühle der Sherpas gegenüber der »Heiligkeit dieser Bergspitze« nicht zu verletzen.
Nichts währt kürzer als ein paar Fußabdrücke auf dem Gipfel eines Berges. Der Wind, der Schnee decken sie zu.
Seit bald zwanzig Jahren werbe ich in meinen Büchern und Vorträgen für ein Bergsteigen »by fair means«. Es geht mir dabei nicht nur um ein Bergsteigen mit einfachen Mitteln, um das menschliche Maß. Es geht mir auch um die Ökologie. Wenn ich auf die Sauerstoffflasche verzichte, komme ich gar nicht in die Versuchung, sie oben liegenzulassen. Nur wenn der gesamte Himalaja wie ein Naturpark respektiert wird, bleibt er faszinierend.
Wir erobern diese Welt nicht. Die Täler, die Gipfel, von denen wir geträumt haben, betreten wir nur kurz. Und verlassen sie so, wie wir sie vorgefunden haben, im Idealfall so, wie sie seit vielen Jahrtausenden sind: als eine Urlandschaft, die alle Ge-

»Die gesamte Geschichte der Menschheit ist in ökologischer Perspektive eine ständige Auseinandersetzung um die richtige Balance zwischen der Notwendigkeit der Naturveränderung zum Zwecke des Überlebens und der Gefahr, diese Naturveränderungen nicht mehr kontrollieren zu können.«
WERNER BÄTZING

Einsamer Träger im Karakorum, Pakistan

setze dieser Erde in sich birgt, als einen geheimnisvollen Raum zur Befriedigung unserer »religiösen Bedürfnisse«. Meditation und Aktion ist dort gleichermaßen möglich. Der Himalaja ist im tiefsten Sinne des Wortes ein heiliges Gebirge.

Die Auferstehung des Dinosauriers

»Ein wichtiges Merkmal des umwelt- und sozialverantwortlichen Tourismus ist, daß die Reisenden selbstbestimmt reisen. Sie brauchen keine Führung. Das ist nicht nur ein gradueller, sondern ein grundsätzlicher Unterschied. Der Tourist soll selbst initiativ werden, soll Interesse zeigen, sich aber zugleich in Zurückhaltung üben, wo es angebracht ist. Das ist nicht der Tourist, den wir aus aller Welt kennen, der fremde Konsument an einem fremden Ort, der sich sehr unsicher bewegt und dem Fähnchen des Reiseleiters nachläuft.«

JOST KRIPPENDORF

Nach den großen, national gefärbten Expeditionen der fünfziger Jahre und der Eroberung der großen Achttausenderwände schien der Expeditionsstil im Himalaja überholt. Die Kleinexpedition wurde Mode. Im Alpenstil gelangen eine Reihe extrem schwieriger Routen an Sechstausendern, großartige Anstiege auf Siebentausender, Überschreitungen von Achttausendern.
Plötzlich, als die höchsten Berge der Welt zum Touristenmagnet geworden waren, begann ein neuerlicher Massenauftrieb zum Dach der Erde. Im Windschatten aufwendiger und dementsprechend teurer Expeditionen, die in den aufstrebenden Industrienationen zwischen Südafrika und Korea, zwischen Malaysia und Argentinien als nationale Prestigeaktionen auf die Beine gestellt werden, steigen all die Reisegruppen über bekannte und ausgetretene Pisten, die ausgezogen sind, die »Herausforderung Himalaja« zu erleben. In der immer länger werdenden Menschenschlange treffen wir auch jene, die in kleinen Gruppen oder sogar als Einzelgänger daheim aufgebrochen sind und die sich, wieder daheim, für die erste Alleinbegehung oder Alpenstilbesteigung eines Achttausenders durch einen Buxtehuder feiern lassen. Die dunkle Seite unseres Ehrgeizes und der überforderte Chronist, der nur noch die Toten zählen kann, haben aus einer belebenden Idee den Anfang vom Niedergang des Höhenbergsteigens gemacht. Der Dinosaurier ist auferstanden, die Kleinexpedition geht unter oder flüchtet sich in jene Winkel, wo Kommerz und Möchtegerne nicht hinkommen.
Die beiden Everest-Basislager, per Satellit weltweit vernetzt, sind nicht mehr Fluchtpunkt zivilisationsmüder Aussteiger, sondern Schaltstellen von internationalen Events, wo nationale und private Heldenspiele vermarktet werden, die gar keine sein können.
Die Sherpas, einst Wasserträger der Sahibs, sind längst zu den Schlüsselfiguren dieser Monsterexpeditionen geworden, als Vorausspurer, Führer und Animateure sind sie unersetzlich. Trotzdem sind die meisten von ihnen schlecht bezahlt für eine

Arbeit, die viel mehr Risiken birgt als der Aufstieg all jener Klienten zusammen, die nach Akklimatisation ihren Berg nahezu geschenkt bekommen.
Auch all jene, die Achttausender im Dauerlauf unter sich bringen, haben meine Anerkennung nicht, solange sie sich nicht unberührtes Terrain aussuchen. Wir werden sie auch am Ende der Welt nicht aufhalten können, die Wettläufer und Gruppenreisenden, die das »Fridtjof-Nansen-Gedächtnisrennen durch Grönland« oder den »Aleister-Crowley-Horrortrip zum K2« benutzen, um ihre sonst langweiligen Bergferien vor einer unkritischen Öffentlichkeit wichtig zu machen. Wir können ihre Rummelplätze nur meiden und dorthin gehen, wo all die anderen nicht sind.
Nein, es braucht keine Regeln für das Höhen- und Expeditionsbergsteigen, es braucht nur die Bereitschaft, in Eigenverantwortung und mit sowenig Aufwand wie möglich dorthin zu gehen, wo der organisierte Tourismus nicht zu verantworten ist. Raum dafür wird es immer geben, solange unser Ehrgeiz in erster Linie darin besteht, keine bleibenden Spuren zu hinterlassen.

»Der Mensch kann aufgrund seiner schlechten Naturanpassung nicht in der Natur leben, ohne sie zu verändern. Diese Naturveränderungen sind aber für ihn immer mit der Gefahr der Selbstzerstörung verbunden, weil er trotz allen Lernens immer nur ein kleiner Teil der Natur bleibt, der die Gesamtheit der Natur nie überblickt, geschweige denn versteht oder gar beherrscht.«
WERNER BÄTZING

Der letzte Kick

Die Kletterer haben in den letzten Jahren viel Kritik geerntet. Aber sie machen die Gebirge nicht kaputt mit ihren Händen und Füßen. Bei den Fun-Sportarten ist es anders, denn diese verwandeln Gebirge zum Disneyland: Haken und Technologie kommen damit ins Gebirge. Nur für ein bißchen Nervenkitzel. Dazu ist der Berg nicht da. Bungeejumping oder Wallrunning hat mit Bergsteigen oder Klettern nichts zu tun. Ich erfahre keine Grenzen, wenn ich am Seil irgendwo runterspringe oder ins Netz. Nur die Summe von Schwierigkeiten, Anstrengungen, Ausgesetztsein und Gefahr ergibt den Grenzgang. Heute aber wollen sich immer mehr diese Momente kaufen. Bungeejumping kann man kaufen, weil es im Katalog angeboten wird, das Abseilen durch die Schlucht, ja den Mount Everest als Höhepunkt der Eitelkeit. Den Fun-Sportlern geht es nicht allein um den Nervenkick, es geht wie immer um die Eitelkeit. Aber kaum einer steht zu dieser unserer menschlichen Schwäche.
Der Bungeejumper und all die anderen, die kurz mal ihren Mut erproben, haben nur Angst, bevor sie springen. Das Springen ist ein erlösender Moment. Sie schweben, ja, aber Geschicklichkeit, Ausdauer, Mühe sind nicht gefragt. Viel zuviel Technologie, zuviel Umweltzerstörung für einen kurzen Nervenkick.

Mein Gott, was könnte man aus dieser Gegend alles machen – Hotelsiedlung, Reiterhof, Golfplatz, aber auch Freiwildgehege oder Filmkulisse. Eine Art Fun-Park ist der Yosemite-Nationalpark trotz John Muir und Ansel Adams geworden.

Was allerdings daraus geworden wäre, hätten die Touristiker dieses Potential an Schönheit vor den Umweltschützern entdeckt, weiß nicht einmal jener alte Indianer, der angeblich alles schon immer gewußt hat.

Nicht was alles zu machen wäre, ist die Frage; was wir nicht machen, ist wichtiger.

Yosemite Valley im Winter, Kalifornien

Richtlinien für Tourismus-Unternehmer in den Alpen

Felsen im Hochland von Tibet

»Die Zukunft der Alpen steht auf dem Spiel! Die Zukunft von Bergen und Bergbewohnern ist von den verschiedensten Seiten, durch deutlich erkennbare, aber auch durch schleichende und für uns noch gar nicht sichtbare Gefahren bedroht. Damit wächst auch die gesellschaftspolitische Aufgabe der alpinen Vereine, sich für den Alpenraum als Ganzes einzusetzen. Das Thema geht uns alle an … Bauern als Gästebeherberger, Bergsteiger als Naturschützer, Naturfreunde als Tourismus-Promotoren, Kurdirektoren als Vorkämpfer für eine naturnahe Landwirtschaft.«

PETER DONATSCH

- Die herkömmliche Förderung der Berglandwirtschaft greift nicht mehr.
- Wie Landwirtschaft im Gebirge, wenn die Rentabilität mit der Technisierung und Industrialisierung sinkt?
- Ökologisierung der Landnutzung und der Agrarpolitik.
- Durch eine Verzahnung von Landwirtschaft und Tourismus kann langfristig beides gerettet werden: die kleinräumige alpine Kulturlandschaft und die noch nicht erschlossene Urlandschaft, das Hochgebirge.
- Erst mit der technischen Revolution steigt das zerstörerische Potential des Menschen.
- Gebirge müssen davon verschont bleiben, soweit es nicht um die Energiegewinnung oder den Abbau von Bodenschätzen geht.
- Verzicht auf weitere Erschließung der Hochgebirgsregion für das reine Freizeitvergnügen (Skifahren, Wandern, Biken, Klettern).
- Begrenzung der Zahl von Aufstiegshilfen, Beschneiungsanlagen, Pisten, Zufahrts- und Abfahrtswegen.
- Verbot von Heli-Skiing und Ultraleichtfliegerei.
- Großveranstaltungen müssen auf Gebiete mit vorhandener Infrastruktur beschränkt werden.
- Schaffung von Anreizen durch Kontigentierung und Preisgestaltung für längere Aufenthalte.
- Reduzierung der Tages- und Wochenendausflüge ins Gebirge.
- Kapazitätsgrenzen respektieren. In erschlossenen Regionen das Gleichgewicht zwischen Fremdenbetten und Einwohnerzahl berücksichtigen.
- Begrenzung von Zweitwohnungen in Feriengebieten.
- Initiierung und Förderung von ortsbezogenen Projekten, die in strukturschwachen Gebieten bei der betroffenen Bevölkerung sinnvolle wirtschaftliche, soziale und kulturelle Entwicklungen einleiten. Die Projekte müssen vor allem langzeitwirksam sein.
- Durch Kontingentierung und Preisgestaltung Anreize für längere Aufenthalte im Gebirge schaffen.
- Da es ein alpenweites Verzeichnis umweltverträglicher und sozialverantwortlicher Tourismusangebote nicht gibt, wäre die Aufstellung und Beachtung derartiger Kriterien ein wichtiger Schritt.

Richtlinien für Alpenurlauber

- Der Reiseaufwand muß in vernünftigem Verhältnis zur Erholung stehen.
- Das Auto ist als Autonomiegarant beliebtestes Anreisemittel für Bergsteiger, muß aber nicht das einzige bleiben.
- Seine Selbstbeweglichkeit darf nicht zur Fahrt in die Fahrt verleiten.
- Fahrgemeinschaften bilden.
- Das Auto als Privathöhle mit Blick auf die Berge dient weder der Meditation noch der Erbauung, sondern nur der Umweltzerstörung.
- Fahrverbote gelten auch auf Forst- und Almstraßen.
- Autos gehören auf Parkplätze. Das gilt auch im Gebirge.
- Beim Wandern auf Steigen bleiben und keinen Lärm machen.
- Almen und Tierherden sind als fremdes Eigentum zu respektieren.
- Sennerin und Senner sind weder Exoten noch Bedienung. Bergwanderer oder -steiger sind nicht dazu berufen, sie über ihre Arbeit aufzuklären.
- Tiere dürfen nicht belästigt und schon gar nicht erschreckt oder versprengt werden.
- Hunde sind an der Leine zu führen.
- Viehtränken nicht verschmutzen.
- Tränktümpel sind keine Badewannen.
- Auf Almgelände vor allem keine Flaschen oder Plastikgegenstände liegen lassen.
- Auch keine Steine auf die Wiesen oder Weideflächen werfen.
- Alle Gatter wieder schließen.
- Biker sollten nur auf breiten Wegen fahren.
- Im Vegetationsbereich ist Querfeldein für alle (Wanderer, Radfahrer, Kletterer) ein Sakrileg.
- Die Fußgängergeschwindigkeit entspricht unserem kognitiven Wahrnehmungsvermögen und gilt als allgemeinverträgliche Geschwindigkeit aller Berggeher, -steiger, -radler.
- Bewußt dem drohenden Zusammenbruch der Berglandwirtschaft entgegenwirken.
- Bei Weitwanderungen Tagesetappen von Bauerndorf (Weiler) zu Bauerndorf einplanen, damit der ökonomische Beitrag vor Ort bleibt.
- Moderne, ökologisch problematische Strukturen in Höhenregionen meiden.
- Lebensmittel aus einheimischer Produktion bevorzugen.

»Für mich ist der Verkehr kein alpenspezifisches Problem, sondern ein europäisches. Es wird in den Alpen aber früher als anderswo auffällig, weil sich hier negative Verkehrseffekte kumulieren. Das Verkehrsproblem ist deshalb nicht in den Alpen zu lösen, es kann nur auf europäischer Ebene gelöst werden.«
WERNER BÄTZING

»Schreitet die Überbauung der Täler und die Betonierung der Wanderzonen weiter fort, so wird irgendwann der Punkt erreicht sein, an dem die Touristen sich von den Alpen abzuwenden beginnen, und Betonklötze und Investitionsruinen werden an den Boom der achtziger Jahre erinnern wie Bunker an den Zweiten Weltkrieg.«
WOLF SCHNEIDER

Bergsteiger in den Alpen, Karikatur, Jahrhundertwende

»Verhindert werden muß der Bau neuer Siedlungen und Silos mit Zweitwohnungen – jener ›Rolladendörfer‹, die fast elf Monate im Jahr aus toten Augen in die Landschaft glotzen; eine brutale Vertilgung von Raum und Natur zugunsten einer Herrenkaste, die für ihr im Durchschnitt fünfwöchiges Vergnügen ein ganzjähriges Ärgernis ins Gebirge stellt.«
WOLF SCHNEIDER

- In Hochwaldregionen möglichst nicht bei Dunkelheit auf- oder absteigen bzw. diese queren.
- Unser Respekt gilt allen Bergbewohnern.
- Toleranz bringen wir allen anderen entgegen, die neben uns unterwegs sind.
- Bei Rast, Verweilen und Verzehr sozioökologische und sozioökonomische Konsequenzen bedenken.
- Nur ein dezentraler, sozial- und umweltverträglicher Tourismus kann eine weitere Verbauung hier und die Entvölkerung dort noch stoppen.
- Städte wieder als Lebens- und Arbeitsräume verstehen.
- Der strikten Trennung von Wohnen, Arbeiten und Freizeit entgegenwirken.
- Freizeitwelt sowohl daheim als auch in der Wildnis draußen als Lebenswelt begreifen.

Richtlinien für Alpinisten

- Mein Leitbild für den Bergsteiger heißt nicht besser, stärker, schöner, schneller, fitter. Bergsteigen ist Ausdruck von Wohlbefinden: sich gesundlaufen, -steigen, -klettern.
- Das Selbstvertrauen des Alpinisten fußt auf Erfahrung, Selbstbestimmtheit, Eigenverantwortung, nicht auf Muskeln, Outfit und Sonnenbräune. Auch Jodeln macht keinen Bergsteiger.
- Körperfetischisten sind mir im Gebirge suspekt.
- Sachlichkeit steht über allen Modetrends.
- Bergsteigen soll nicht Natur als Kompensation für Mängel bedeuten, sondern Lernhilfe in der Natur.
- Selbstüberforderung, sei es aus Sorge, das »wahre« Erlebnis zu verpassen, oder aus Konkurrenzdenken, führt zu Aktionismus und zusätzlichen Gefahren.
- Möglichst lange in einem Gebiet verweilen.
- Eine Beziehung zum Urlaubsort, zum Berg aufbauen.
- Die ständige Suche nach neuen Zielen und Tätigkeiten bringt keine Befriedigung.
- Wandervogelromantik oder Blut-und-Boden-Beschwörung hilft weder den Bergbauern noch gegen den Massentourismus.
- Ausrüstung und Proviant werden im Rucksack mitgeführt.
- Obwohl die Mehrheit der Alpinisten sich als umweltfreundlich einstuft, poche ich auf mehr ökologische Eigenverantwortung.

Klettersteig in der Brenta, Trentino, Italien

Am Fuße der Raxalpe, Österreich

- Tourenwochen, nicht Wochenendtouren ins Gebirge sind vernünftig.
- Wer auf den »Besucherlenkungsplan« in den Alpen wartet, um zu wissen, wohin er will, hat zu lange mit einer ökologischen Tourenplanung gezögert.
- Bergstationen sind immer Engpässe und deshalb zu meiden.
- Es ist falsch, falsch, falsch, daß auch im Gebirge alle Plätze belegt sind, genauso wie überwiegend falsch ist, was in der Tagespresse über die Ursachen der Umweltzerstörung in den Alpen geschrieben wird.
- Da wir die Alpen umsonst bekommen haben, müssen wir erst mit Mühe lernen, sie als das zu respektieren, was sie für Europa sind: Wasser- und Ruhespeicher, leerer Raum und vor allem Zeitraum für Geist und Seele.

»Die Alpen sind nicht mehr per se ein strukturschwacher, förderungsbedürftiger Raum, sondern ein Raum extremer Gegensätze: Ein Teil der Alpenregionen hat Anteil an der modernen europäischen Wirtschaftsentwicklung und verzeichnet einen Wirtschafts- und Bevölkerungsboom, während andere Alpenregionen (vor allem in den südfranzösischen Alpen und in den west- und ostitalienischen Alpen) wirtschaftlich zusammenbrechen und sich total entvölkern.«
WERNER BÄTZING

Ratschläge der Besserwisser

»Bei meinem ersten Urlaubsaufenthalt in Naturns vor drei Jahren war ich zum Fotografieren von Insekten auch oberhalb des Stabener Sonnenbergs. Ich war begeistert von den blühenden Wiesen voller Schmetterlinge, Gottesanbeterinnen, Käfer usw., und das kleine Stückchen Trockenrasen, das bis dahin noch der Bewässerung entgangen war, war bewohnt von Ödlandschrecken und Balzplatz der Schwalbenschwanzfalter.
Als ich nun Mitte Juni dieses Jahres wieder diese Stelle besuchte, traute ich meinen Augen nicht: keine Blumen mehr in der über-

Rechte Seite: Burg Juval mit Biohof Oberortl und Schloßwirt, Südtirol

düngten Wiese, und auf dem kleinen Stückchen Trockenrasen, jetzt zum Teil bewässert, lag eine Schicht Mist. Kein Leben mehr weit und breit!
Der einstmals berühmte Stabener Sonnenberg, dessentwegen sich im Haus Gluderer Entomologen aus ganz Europa einfanden, hat nun auch das letzte bißchen Umland verloren, in das Tiere ausweichen konnten, wenn die Sommersonne den Sonnenberg zu sehr verbrannt hatte. Unverändert geblieben ist dort oben nur der Abfallhaufen des Besitzers der Wiesen, weil wohl beim besten Willen aus einer steinigen Mulde kein anderer Profit zu schlagen ist. Bezeichnend ist die Einstellung des Mähenden, den ich fragte, ob ich zum Fotografieren von Schmetterlingen auf der Kuppe seine Wiese durchqueren dürfe: ›Wegen ein paar Schmetterlingen‹ solle ich ihm nicht das Heu heruntertreten. Wegen ein paar Schmetterlingen und ähnlichen Resten der einstmals so reichen Naturausstattung des Vintschgaus krümmt in Naturns (und dem unteren Vintschgau überhaupt) wohl heute keiner mehr einen Finger. Die Bäche sind leer wegen der übertriebenen Bewässerung landwirtschaftlich genutzter Flächen; nicht einmal ›Tiroler Bauerngärten‹ gibt es mehr. Es würde mich allerdings nicht wundern, wenn der Wettergott allzu habgierigen Bauern bald ganz das Wasser abdreht; vielleicht lernen sie dann doch noch, daß man auf Dauer nur mit und nicht gegen die Natur wirtschaften kann.
Im übrigen glaube ich, daß auch der Tourismus nachlassen wird. Zerstörte Natur gibt es überall – ich fahre nicht 900 Kilometer weit, wenn ich im Tal (in der Meraner Gegend sogar schon bis auf 800 Höhenmeter) durch stinkende, dauernd gespritzte Plantagen und auf den Bergen durch zerstörte Natur wandern muß. Kein Fleckchen bleibt ungenutzt; wo Kühe nicht mehr weiden können, sind es Ziegen, als wäre der Vintschgau ein armes Entwicklungsland.
Wir werden jedenfalls lieber noch einige Kilometer weiter fahren nach Südfrankreich, wo es noch Landschaften gibt, genauso schön, wie es der Vintschgau einmal vor langer Zeit war. Und Sie können sicher sein, daß ich in meinem Bekannten- und Kollegenkreis von all diesen Dingen sprechen werde. (Südtiroler Äpfel werden wir auch nicht mehr kaufen; so wie die produziert werden, schmecken sie nämlich auch!)«

Aus meiner Antwort: »Offensichtlich haben Sie die Hänge über Staben 1996 nur flüchtig angesehen. Von der Mühe, dort oben zu überleben, haben Sie auch wenig Ahnung. Ich habe Verständnis für Ihre Sorge, aber mit Schimpf und Vorurteilen hat noch keiner die Welt verbessert. Bitte helfen Sie handgreiflich, ein paar Quadratmeter Sonnenberg zu retten, nicht mit fundamentalistischem Geschreibsel, über das Bauern nicht einmal lachen können.
Viel Energie dafür wünscht Ihnen
R. Messner«

Dieser Brief ist einer von vielen dieser Art, die mir in den vergangenen Jahren zugingen. Ich habe nur kurz darauf geantwortet und mir die Verachtung jenes Herrn zugezogen, der alles besser weiß.

»Weltweit leiden die Menschen, insbesondere junge Menschen, unter einem Sinnlosigkeitsgefühl. Sie besitzen die Lebensmittel, die Mittel zum Leben; aber sie entbehren einen Lebenszweck, auf den hin zu leben, weiterzuleben es sich auch dafürstünde. John Glenn, der amerikanische Astronaut der ersten Stunde, hat einmal gesagt: ›Ideals are the very stuff of survival.‹ Ohne die Ausrichtung auf Ideale kann der Mensch, kann die Menschheit nicht überleben; aber das schafft eben Spannung, man muß kämpfen können, man muß warten können, mit einem Wort, es bedarf der sogenannten Frustrationstoleranz, und die muß man trainiert haben; aber die vorwiegend um eine Minimierung der Spannung besorgte Erziehung von heute erzieht einen nachgerade zur Frustrationsintoleranz, einer Art psychischer Immunschwäche, wenn ich so sagen darf.«
VIKTOR E. FRANKL

Matterhorn und Nachbarn, Wallis, Italien, Schweiz

»Da werden zum Beispiel mit drei Helikoptern gleichzeitig sage und schreibe 72 japanische Touristen (nicht etwa Trekker) auf der heiligen Wiese von Tengpoche (3867 Meter) im Everest-Gebiet abgesetzt und in den buddhistischen Konvent gleichen Namens geleitet, wo sie unter den skeptischen Blicken der Mönche das Inventar fotografieren, um kurz darauf unter beträchtlicher Lärmentwicklung der kraftvollen Rotormotoren wieder dorthin zum Lunch zu entschwinden, wo sie kurz vorher noch das Frühstück zelebriert hatten, ins Luxushotel im fernen Katmandu nämlich. Das ganze Prozedere wird ›Kulturausflug‹ genannt.«

BERNHARD RUDOLF BANZHAF

Tengpoche mit Ama Dablam, Solo Khumbu, Nepal

»Was bewegt zweihundert Bergsteiger nach einer Übernachtung in einer Schutzhütte auf 2700 Meter Höhe, am nächsten Tag als beinahe geschlossene Kolonne auf derselben Route denselben Alpengipfel zu ersteigen? Weil der Berg ein bißchen über die magische Höhe von viertausend Metern ragt und deshalb nach Meinung vieler Bergsteiger wesentlich bedeutender ist als die etwas weniger hohen Nachbargipfel.«
HORST SCHINDLBACHER

Am Monte Rosa, Italien

Mit vier Jahren
fiel ich, kopfüber,
in einen Wassergraben.
Mutter trug mich zum Arzt,
und er nähte die Wunde
auf meiner Stirn.
Nur eine Narbe ist geblieben.

Später umrundete ich
– auf Berge kletternd,
durch wüste Landstriche
laufend –
diese gefährliche Welt.

Das splitternde Eis
am Nordpol hielt;
der Nebel beim Abstieg
vom Mount Everest
wurde durchscheinend;
die Kreuzotter in Sibirien
machte sich
unter meinem Fuß davon;
der Orkan am Südsattel
flaute ab,
ehe ich verrückt war
vor Durst und Panik.

Gesar Simon Messner
mit Vater und Yaks,
Sulden am Ortler,
Südtirol

Einem tischgroßen Stein
am Cho Oyu
wich ich aus –
in letzter Sekunde.
1970, am Nanga Parbat,
kam ich schier um
und erlebte das Heimkommen
als zweite Geburt.

Mein Bruder erlebte sie nicht.

Mir nahmen sie
die erfrorenen Zehen ab,
und zwei Jahre später,
am Manaslu,
überlebte ich wieder
wie durch ein Wunder.

Nach allen Statistiken
hätte ich mit dreißig
tot sein müssen.
Mit vierzig zum zweiten Mal.
Mit fünfzig,
beim Sturz von der Burgmauer,
kam ich mit einem
geborstenen Fersenbein davon.

Schäden werden bleiben.

Unwahrscheinlich –
die Wahrscheinlichkeit,
daheim zu sterben,
ist damit gestiegen.

Die Arbeit
wird uns vorgeschrieben,
in Ausführung und Methode,
von acht bis sechs.
Das Endprodukt ist genormt.

Und nach Feierabend
beginnt der Zeitvertreib,
im Urlaub die Langeweile.
Die Freizeit wird damit voll,
der Mensch noch leerer.

Sonntage, Urlaube.
Sie sind uns leer gegeben.
Wir dürfen sie selbst ausfüllen.
Etwas damit anfangen.

Die Freizeit bietet uns
unendlich viele Möglichkeiten
– das Bergsteigen
ist eine von tausend anderen –,
nur hat der Mensch
noch nicht erlernt,
die Chance zu nutzen.
Oder
– und das ist viel schlimmer –
er hat es verlernt,
ohne Zwang etwas zu tun.

Cinque Torri,
Ampezzaner Dolomiten,
Italien

Steige ich aufs Gerüst,
so ist das morsche Brett
schon beseitigt.
Der lockere Ziegel vom Dach
fällt mir nicht auf den Kopf.
Für die Bahn,
in der ich fahre,
stellen andere die Weichen.
Den Schaden
bezahlt die Versicherung.
Sicher und blind gehe ich
durch eine langweilige Welt.
Die Schuld hat
im schlimmsten Falle
ein anderer.

Und was ist das Leben?

Piz Cengalo und
Piz Badile im Bergell,
Schweiz

»Wir möchten kräftiger und schneller, schöner und intelligenter, reicher und mächtiger, tüchtiger und angesehener, kultivierter und feinsinniger als andere sein. Ob das angeboren oder durch eine Wettbewerbsgesellschaft anerzogen ist, bleibt für das Ergebnis gleichgültig. Jedenfalls machen clevere Menschen schöne Geschäfte damit, daß sie solche Bedürfnisse mit Dingen befriedigen, die geeignet sind, diese Überlegenheit zu symbolisieren: schnelle und kostspielige Wagen, Autotelefone, exklusive Kleidungsstücke und Reisen, teure Konzerte zum Beispiel. Gerade in den vergangenen Jahren ist der Handel mit solchen Statussymbolen über alle Maßen aufgeblüht.«

RUDOLF GROSSKOPFF

Schneesturm am Montblanc (Peutereygrat), Italien

»Wir lernen das Bergland als ›Kulturland‹ verstehen, als Gebilde des arbeitenden und des spielenden Menschen. Wir wollen dies bei sanftem Wandel bewahren. Von Natur als Schöpfung redet niemand. Natur- und Umweltschutz haben sich längst vom mystischen Naturverständnis der Jugendbewegung, vom eher bodenständigen Naturbegriff der einstigen Reformbewegung wegentwickelt. Dem emphatischen Naturschutz der letzten beiden Jahrzehnte folgt nun ein neues, ein pragmatisches Naturverständnis.«
HELMUTH ZEBHAUSER

Grandes Jorasses von Süden, Italien

»Jeder weiß, daß ein Organ, das nicht beansprucht wird, mit der Zeit einer Atrophie anheimfällt, und die Medizin von heute weiß, daß sich nicht nur die Überbelastung pathogen auswirkt, eine Krankheit hervorruft, die Entlastung kann das genausogut. Eine Erziehung, die davor warnt, junge Menschen mit Forderungen zu konfrontieren, ihnen etwas zuzumuten, sie am Ende gar in Spannung zu versetzen, ist einseitig. Eine solche Pädagogik beweist nur, daß sie auf eine längst überholte Motivationstheorie eingeschworen ist, die da meint, der Mensch wolle zutiefst und zuletzt nichts als ›tension reduction‹, das heißt Spannungsvermeidung und -verminderung durch Bedürfnisbefriedigung.«

Viktor E. Frankl

Aufstieg am Similaun,
Ötztaler Alpen,
Südtirol/Österreich

»Die Expeditionen sind nicht mehr wie einst zu Zeiten der Römer Feldzüge in ein wildes, unbekanntes Land, verbunden mit großen Strapazen und geringen Aussichten auf sichere Heimkehr. Das Unbekannte ist gewichen, die Entbehrungen beim Anmarsch reduzieren sich auf ein Minimum. Trotzdem nennen sich diese Reisen aus Gründen des Prestiges, der Konventionen und weil sie sich so besser verkaufen lassen noch immer Expedition.«
OSWALD OELZ

Taboche, heiliger Berg
in Solo Khumbu, Nepal

Ich erzähle hier vieles
über die Berge.

Die Berge sind leblos,
die Berge sind nicht ungefährlich,
die Berge sind leer,
wenn sie uns nicht ausfüllen.

Die Berge haben die Farbe,
die wir ihnen geben.

Die Berge sind Krone
und Stachel der Erde.

Die Berge sind Träume,
auf die wir steigen.

Die Berge sind zeitloser Raum.

Die Berge sind nicht,
wie wir sie sehen
auf den Bildern.

Die Berge sind oft im Nebel.

Felsformation
im Hoggar, Sahara

»Die heute noch existierenden ca. 450 000 Bergbauernbetriebe (ca. 36 Prozent davon Haupterwerbsbetriebe) werden bei den heute geltenden Bedingungen niemals wettbewerbsfähig sein können. Bei der Diskussion der Rahmenbedingungen für ein Überleben der Berglandwirtschaft bestand Einigkeit, daß der unternehmerische Charakter der Landwirtschaftsbetriebe in größtmöglichem Umfang zu gewährleisten ist und Arbeitsbedingungen möglich sein müssen, die mit jenen anderer Berufsgruppen vergleichbar sind. Der Erhalt der bäuerlichen Landwirtschaft ist letztendlich eine Überlebensfrage des künftigen Lebens im Alpenraum und damit der Kulturlandschaft als des zeitbedingten Ausdrucks der bäuerlichen Arbeit.«
EUROPÄISCHE AKADEMIE BOZEN

Bergbauernhöfe am Sonnenberg, Vintschgau, Südtirol

»Ob Arktis, argentinische Pampa oder australisches Outback – kein Winkel der Erde ist zu entlegen, als daß er nicht für Berg-, Wüsten- oder Eisläufe taugen könnte. Die Palette der Veranstaltungen wird immer größer, deren Distanzen immer weiter, die Regeln immer härter. Mit Gesundheit hat das am Ende natürlich nichts mehr zu tun.«
HELMUT SCHÜMANN

Mawensi im Kilimandscharo-Massiv, Tansania, Afrika

Günther Holzer
am Bergfried von Juval,
Südtirol

»Das Kletterzentrum fern der natürlichen Felswände gilt nicht mehr als Trainingsort für ambitionierte Alpinisten, die sich hier den letzten Schliff für längere Sportklettereien oder schwierige Routen im Klettergarten holen. Das Indoor-Klettern entwickelt sich zusehends zu einer eigenen Sportart, die dem jungen und dem gestandenen Freak, dem Wettkampfprofi und dem Genußkletterer gleichermaßen etwas bietet.«
HANSJÖRG EGGER

In der Südwand
der Neunerspitze,
Dolomiten, Südtirol

»Umweltbelastendes Verhalten von Sportlern resultiert vielfach aus fehlendem Wissen. Umweltaufklärung und -information werden daher in Zukunft auch im Sport einen höheren Stellenwert haben müssen. Vor zu hohen Erwartungen ist hier allerdings zu warnen. Wissen und Handeln sind nicht immer deckungsgleich. Insbesondere der erhobene Zeigefinger provoziert häufig das genaue Gegenteil des Erwünschten.«
T. WILKEN

Hochlager am Everest-Nordsattel, Himalaja, Tibet

Keine zweite Natur

Seit der Aufklärung beschäftigt der Verlust der Natur das Gewissen der Bürger. Eine Naturvorstellung, die Gefahren verdrängt zugunsten der Idylle, der Sehnsucht nach dem verlorenen Paradies, verharmlost die Beziehung zwischen dem Menschen und den Elementen.

Die schnell wachsende Verstädterung am Ende unseres Jahrhunderts hat unser Gewissen zwar wachgerüttelt, aber auch wir Bergsteiger haben bisher dem Umweltschutz keine pragmatische Wendung gegeben. Zwei entgegengesetzte Lösungen bieten sich an: Wir bleiben zu Hause und führen »Natur« in die Stadt ein – in Form von Kletterhallen zum Beispiel –, oder wir gehen hinaus und verschließen uns aller weiteren Erschließung. Die Güter und Werte, um die es am Berg geht, sind nicht für alle zu haben – es kann sie nur für wenige geben, oder es gibt sie überhaupt nicht mehr.

Mein *Zurück in die Berge*, das den Aufstieg aus den Betonschluchten der Städte in die Berge für möglichst viele zum Inhalt hatte, muß neu gesehen werden, hat die Stadtkultur inzwischen doch das Hochgebirge erreicht. Nach unserem Kalender sind seit dem erstmaligen Erscheinen dieses Buches fast dreißig Jahre vergangen, drei Jahrzehnte, die für mich ausgefüllt waren mit Unterwegssein, neuen Erfahrungen, neuen Büchern. Eine Ewigkeit oder auch nur ein Tag ist diese Zeitspanne in meinem Empfinden. Ob ich mich verändert habe? Ja, ich hoffe es, aber meine Wut, meine Verzweiflung, die Abscheu vor Institutionen und Parteien, vor einem System, das uns zwar aus materieller Not herausgeführt hat, das aber alle Menschlichkeit vertreibt, dieses System hat mich trotzdem eingeholt. Wohin also morgen, wenn das Alpenbergsteigen als Möglichkeit zur Selbstäußerung außerhalb des steinernen Dschungels der Städte, wo wachsende Bürokratie, lähmende Versicherung und bürgerliche Intoleranz mehr und mehr zu einem Knast werden, zur Fremdenverkehrsattraktion einer alpinen Stadtkultur verkommt?

Die Probleme der Hochgebirgsregionen in den Alpen lösen wir nicht mit umweltgerechter Selbstgerechtigkeit, mit Verzichtspredigten oder einer gleichmäßigen Erschließung aller Alpentäler. So wichtig der flächendeckende Tourismus für die Berglandwirtschaft ist, für die Naturlandschaft bedeutet er das Ende. Wenn in jede Klamm ein Weg, auf jeden Hügel eine Bahn

»Ich meine, man sollte in der Stadt Berge aufstellen. Von wo sollten die Leute sonst herunterfallen?«
LAURIE ANDERSON

»Die Kletterhalle, die Holzwand, der Plastikgriff ist die Konsequenz einer Entwicklung, während derer sich Klettern immer weiter vom ursprünglichen Zweck entfernte und zur eigenständigen sportlichen Leistung wurde, bei der die Natur, das Wetter, der Anmarschweg nur noch stören. Früher bestieg der Mensch den Berg, heute holt er ihn ins Tal. Auch andere natürliche Bewegungsformen wie Schwimmen, Reiten, Turnen oder Radfahren wurden im Lauf der Zeit zum Leistungssport und landeten unter Dach.«
EMIL ZOPFI

Rauchopfer
am Fuße des Lhotse in
Solo Khumbu, Nepal

»Das alpine Sportklettern macht zur Zeit eine ähnliche Entwicklung durch wie ein Mensch mit Familie: weniger Risiko, mehr Verantwortung und Sicherheit.«
BERND KULLMANN

»Das Bergsteigen ist eine Tätigkeit , bei der man sein Leben aufs Spiel setzt, vor allem aus Freude und um aus gefährlichen und manchmal verzweifelten Situationen herauszukommen, die man freiwillig gewählt hat.«
JOHN BACHAR

führt und auf jedem Gipfel Outdoor-Telefonisten sitzen, die nach ihren Action-Erlebnissen der Welt ihren Sinnersatz verkünden, bleibe ich lieber unten. Unsere kognitiven Fähigkeiten nämlich wachsen mit der Reduktion auf das – und nur das –, was wir hören, sehen, fühlen wollen.
Wenn für uns alle aber nur mehr ein bißchen Raum, ein wenig Ruhe, begrenzte Zeit übrig sind, hat keiner etwas vom Hochgebirge. Verschwenderisch mit diesen Werten umzugehen – zumal bei sinkender Arbeitszeit und weiter wachsender Freizeit der Massen – hieße sie vernichten. Minimalismus in der Erschließung ist also die Antwort. Eine zweite Hochgebirgsnatur haben wir nicht. Ich weiß, dieser Vorschlag klingt elitär, wer aber bereit ist, seine Philosophie als »Disziplin verkörperten Lebens« auszuüben, wird mir folgen – soweit er es bei so viel Eigenverantwortung, Einsamkeit, Gefahr kann und darf. Den Weg, den wir Bergsteiger gesucht, markiert, gewählt haben – auch wenn wir ihn immer wieder gegangen sind –, diesen Weg gibt es gar nicht. Alle Wege entstehen erst im Gehen.

Trend, Tat und Tod

Attilio Tissi am Campanile Brabante, Dolomiten, Italien

Geklettert wird heute besser denn je, und zwar weltweit. Im Fels, wo Bergsteigen vor allem Sport geworden ist, wurde die Auseinandersetzung mit der Gefahr dabei mehr und mehr verdrängt von der Steigerung der Schwierigkeiten. Diese ging beim Sportklettern einher mit einer immer weiter perfektionierten Sicherungskette. Die Absturzgefahr ist dabei in fast allen Sportklettergebieten durch gebohrte und zementierte Haken minimiert worden. Damit ist das Sportklettern reduziert auf das Klettern selbst, auf den präzisen Bewegungsablauf an Löchern und anderen Unebenheiten steiler Felswände. Diese Felsen werden zu naturgegebenen Kletterstrukturen in einer mehr oder minder menschenabweisenden Umgebung.
Nein, ich will das individuelle Erlebnis des Kletterers heute, sein Spüren von Tiefe, Ausgesetztsein, Geschicklichkeit und Kraft nicht abtun als Artefakt eines Gerüstturners. Allein die spektakulären Kletteraufnahmen von Galen Rowell, Peter Mathis, Uli Wiesmeier, Heinz Zak und vielen anderen reichen aus, jenes Gefühl zwischen Lust und Schauder aufkommen zu lassen, das zum Klettern gehört. Das Klettern in großen Wänden wird immer die Königsdisziplin des Bergsteigens bleiben. Aber nur wenn wir uns nicht blenden lassen vom reinen Plaisir-Gedanken und die ganzheitliche Selbsteinschätzung des kletternden

Menschen in einer ungezähmten Natur, die allein dem Verhältnis Mensch–Berg gerecht wird, wieder in den Vordergrund stellen, bleibt unser Tun ökologisch verantwortbar.
Wir alle wissen, daß die Grenze vom Machbaren zum Nicht-mehr-Machbaren unscharf ist, und deshalb sind Stürze im Gebirge zuallererst zu vermeiden. Auch können lose Steine nicht einfach festgeklebt werden. Das Wetter wird von Fachleuten zwar kontinentweit ziemlich genau vorhergesagt, trotzdem kommen Gewitter im Gebirge oft unerwartet. Wenn eine »Fit-for-fun-Outdoor-Konsum-Clique« mit ihren »Klebebohrhaken – elefantenstark, rostfrei, unzerstörbar« ihren Körperkult in die Alpen trägt, ist das so lächerlich wie die Hütteneuphorie zu Stüdls Zeiten oder wie der zum Schicksalsberg hochstilisierte Nanga Parbat in den dreißiger Jahren. Wie der Bergtod damals war die Direttissima in den fünfziger und sechziger Jahren gesellschaftsfähig – und trotzdem eine Sackgasse.
Das Klettern – als erzieherischer Wert, als zusätzliches Identifikationsangebot in einem langweiligen Berufsleben, als Bewegungsventil einer vorwiegend sitzenden und fahrenden Gesellschaft – war und bleibt viel mehr als Sport. Das gewonnene Selbstwertgefühl baut dabei auf Spannung, Angstbewältigung, Eigenverantwortung, selbstbestimmtes Handeln, Meistern – nach oben oder unten – konkreter, schwieriger und gefährlicher Situationen. Unbekanntes, Gefährliches verwandeln sich unter Griff und Tritt in Bekanntes, Vertrautes, und für ein paar Augenblicke haben wir einen Platz in dieser Welt.
Erfreulich ist, daß das alpine Felsklettern und der klassische Alpinismus zur Zeit eine Rezession erleben – nicht in der Qualität, nur in der Zahl der Akteure. Vielleicht kann ihr Potential so erhalten werden.
Dieses Für und Wider, dieses Hin und Her von Anbetung und Verachtung hervorragend abgesicherter alpiner Routen gibt es seit hundert Jahren. Immer wenn der Überdruß am Überfluß einsetzte, begann eine neue, kreative Periode.
Zur Zeit bestimmen Show-Alpinisten und Rekordhalter die Szene, Kleiderordnung, Verhaltensnorm und Sprachcode verraten, mit welchem Lebensstil sich die einzelnen Sekten in der großen Bergsteigersippe identifizieren. Als wären Körperwahn und Rekordstreben auch am Berg Lebensinhalt, wird allerorts aufgerüstet: im senkrechten Fels und am Everest-Gipfelgrat, im Reisebüro und im Tourismusverein. Spaß will der Konsument haben, ohne Verantwortung zu übernehmen. Jeder geht dorthin, wo alle anderen schon sind: Cho Oyu, Schweiz-Plaisir, Gasherbrum I und Gasherbrum II im Billigpaket.

Galen Rowell am Moose's Tooth, Kanada

»Das ist das Ekelhafte an den Bohrern: Sie erkennen sehr wohl das Faszinierende an der Leistung der Erstbegeher und merzen sie dann mit Stumpf und Stiel im selben Zuge aus, ohne den geringsten Respekt vor der historischen Dimension der Route. Wann stecken die ersten Bohrhaken in der Cassin-Route am Piz Badile, in der Fleischbank-Südostverschneidung, in der Totenkirchl-Westwand, in der Steger, der Comici? Die nächste Generation wird sich mit solarbetriebenen Akku-Maschinen nach Patagonien, Gharwal, Baffin Island, Baltoro oder Grönland begeben und die entferntesten Naturparadiese der Erde einbohren.«
Ken Wilson

Mitre Peak und Mustagh Tower im Karakorum, Pakistan

Die Erschließermentalität der großen Alpenpioniere wie Johann Stüdl oder Franz Senn scheint immer noch den Alpinismus zu bestimmen. »Erstbegeher sollen gefälligst auf Wiederholer Rücksicht nehmen«, fordern junge Sportkletterer heute, und wenn sie scheitern, wird losgeschimpft: »Ein Stück schöner Fels ist durch eine Route verhunzt, die keiner wiederholen wird, weil sie zu kühn ist.«

»Alpin« ist zu einem Schimpfwort geworden. Es bedeutet brüchig, ekelhaft zu klettern, schlecht gesichert. Das Gegenteil davon ist Plaisir-, also Lustklettern: fester Fels, homogene Schwierigkeit, gute Sicherung. Die Masse der Kletterer will mit Bohrhaken bestens abgesicherten Routen folgen und hätte nichts dagegen, wenn die Hochgebirge der Erde flächendeckend eingebohrt wären. Sie wollen klettern, nicht denken oder abwägen; an jedem Punkt abseilen können, wenn sie »die Wände hochgehen müssen«.

Nun ist nichts dagegen einzuwenden, wenn heutige Neutouren mit Bohrhaken abgesichert werden, soweit die Behörden es erlauben. Daß aber klassische Wege »nachgerüstet« werden, halte ich für ein Sakrileg. Was kümmert es Emil Solleder, daß eine ganze Sportklettergeneration seine Routen meidet, weil sie sie für Schrott hält? Auch wenn heute Linienführung, Länge, Anspruch einer zu kletternden Tour weniger als Auswahlkriterien zählen als die Qualität der Absicherungen, Solleders Wege bleiben Marksteine der Klettergeschichte. Und als solche sind sie wie Kunstwerke: in ihrem Urzustand zu belassen für alle späteren Betrachter. Wer an ihnen herumbohrt, ist ein Kunstschänder. Da geht es nicht um überholte Ideale; kein Sport hat das Recht, die Alpen zu verwüsten und die Spuren der Geschichte dabei zu verwischen, nur weil er zur Massenbewegung geworden ist. Ein Picasso ist ein Picasso, und die Südkante des Torre Trieste in der Civetta ist eine Cassin. Aus einer Cassin eine beliebige Route zu machen, ist mit Bohrmaschinen und Varianten zwar einfach, aber falsch.

Als Erstbegeher habe ich zwar kein Bestimmungsrecht für die Zukunft meiner Wege erworben, es wäre mir aber lieber, sie wären geblieben, wie sie waren, und dafür nicht überlaufen. Natürlich gibt es kein Copyright auf Erstbegehungen, aber als Zeitdokumente hätten diese ein Recht auf Bestand. Nein, man braucht mich nicht zu fragen, ob und wie »meine« Kletterwege »saniert« werden sollen, mir geht es auch nicht um die Akzeptanz in der Szene, sondern viel mehr um Gesamtkunstwerke als um den Komfort einiger Dilettanten, die für die eigene Eitelkeit aus Kunstwegen Lustrouten basteln.

»Der Eigentümer des Berges, das ist der Staat oder das Land, hat ein Recht darauf, daß sein Besitz im jeweiligen Status quo erhalten bleibt. Genaugenommen ist also schon das Setzen von Haken strafbar. Wird eine Felswand durch Schlagen oder Entfernen von Haken verändert, kann der Eigentümer Strafantrag wegen Sachbeschädigung stellen. Wenn ein ›öffentliches Interesse‹ vorliegt, beispielsweise beim heimtückischen Ansägen von Haken, kann auch der Staatsanwalt Anklage erheben. Das wird natürlich eher beim Entfernen als beim Setzen von Haken geschehen.«

Andreas Dick

So wie Klettersteig-Erbauer der »Verkehrssicherungspflicht« genügen müssen, werden Plaisir-Dienstleister bei ihrer vertikalen Erschließung bald einem Kodex unterworfen sein, der vorschreibt, wie, wann, wo was eingerichtet wird, um das Klettern zu fördern oder zu verbieten. Je beliebter sich ein einzelner, eine Gruppe, ein Verein macht, weil er komfortabler einrichtet – das gilt seit den Anfängen aller AV-Tätigkeit –, um so mehr aber gräbt er mit am Graben aus Protest, Bürokratie, Unverständnis, der bisher ein flächendeckendes Kletterverbot in Mitteleuropa nur deshalb nicht durchsetzen konnte, weil er es mit kreativer Anarchie zu tun hatte und einer nomadisierenden Spezies. Wer dazu noch meint, daß Kletterrouten als »gute Produkte« den Tourismus ankurbeln, hat nur kurzzeitig recht.
Trotzdem, das Bergsteigen wird nicht sicherer werden.
Zwar sieht niemand mehr im Bergtod einen »tieferen oder höheren Sinn«, je mehr Menschen aber auf Berge steigen, um so mehr werden dabei umkommen. Fremdenverkehrsindustrie, wachsende Freizeit und ein paar postmoderne Trendsetter können das Klettern so wenig retten wie ein paar tausend Umweltschützer die Alpen. Beides – Klettern und Alpen – ist vielleicht zu erhalten mit Blick zurück auf unsere Geschichte und Respekt vor der Natur, wobei vor der menschlichen zu warnen ist.

»Heute werden Kletterrouten mit Bohrmaschinen und Bohrhaken angegangen, wo zur Sicherung auch andere Möglichkeiten vorhanden wären, oder klassische Kletterrouten werden mit Bohrhaken an ›neuralgischen Punkten‹ verbohrt, alles der Sicherheit wegen – zur Sicherheit für jene Kletterer, denen wir das Erlernen von anderen Sicherungsmöglichkeiten von Anfang an genommen haben. Diesen Anfang finden wir schon bei den Klettergärten; warum muß jeder Riß verbohrt werden, der sich auch für mobile Sicherungsmittel eignet?«
TONI ZUECH

Auf den Spuren der alpinen Geschichte

Abgesehen vom sportlichen und vom visionären Erlebnis vermittelt mir jede klassische Bergtour ein unmittelbares Erleben eines Teiles der alpinen Geschichte. Ich kann nicht umhin, mich im Geiste in die Zeit der Erstbegehung der entsprechenden Route zurückzuversetzen, die damalige Einstellung der Alpinisten zum Berg zu analysieren und an ihre bescheidenen Mittel zu denken.
Aus Interesse an ihrem Tun und aus sportlicher Fairneß bemühe ich mich seit Jahren, mit den Mitteln von damals auszukommen. So nur habe ich gelernt, die Erstbegeher richtig einzuschätzen und den Verlauf der alpinen Geschichte zu begreifen. Immer wieder, wenn ich zum Beispiel unter der Schlüsselstelle am Winklerturm in der Rosengartengruppe stehe, frage ich mich, ob der 17jährige Winkler damals den Riß oder die Wandstelle rechts davon geklettert ist. Nur wenn man weiß, daß Winkler in Nagelschuhen kletterte und sich damals als Allein-

Partie in den Westalpen, Jahrhundertwende, Italien

»Wenn ich weiß, eine Route ist moralisch anspruchsvoll, dann gehe ich am Abend davor ganz anders ins Bett, mit einem flauen Gefühl im Magen, aber auch mit Vorfreude. Ich steige nur in die Tour ein, wenn ich mich fit dafür fühle – und daraus erwächst dann das Abenteuer und die Befriedigung.«
THOMAS HUBER

»Ich halte es für die sportlich richtige Einstellung, nur dort hochzuklettern, wo ich mich ohne Bohrhaken, idealerweise sogar nur mit Klemmkeilen gesichert, hinauftraue. Wer sich das nicht traut, soll verzichten und mehr trainieren, bis er es kann. Man muß nicht alles machen, Verzicht auf Konsum ist ein Fortschritt.«
GEORG KRONTHALER

Heiligkreuzkofel, Dolomiten, Südtirol

geher nicht selbst sichern konnte, gewinnt die Frage an Bedeutung.
So gibt mir jeder Gipfel, jede interessante Schlüsselstelle und jede Route Einblick in die alpine Geschichte, und wenn ich meine Touren wähle, achte ich sehr wohl auch auf alpingeschichtliche Kriterien. Es fasziniert mich, auf den Spuren der alpinen Geschichte bergzusteigen, kann ich doch bei jeder Wiederholung das Abenteuer der Erstbegeher nachvollziehen.

Angst

Jeder kriegt Angst, wenn er nicht mehr sicher ist, auch ich; Angst ist etwas ganz Natürliches, etwas Notwendiges. Gäbe es sie nicht, so wären wohl nur mehr wenige Bergsteiger am Leben. Die Angst macht uns klar, wie weit wir gehen dürfen, sie ist die beste Lebensversicherung bei einer Bergtour. Nur durch Sicherheit kann sie ausgeschaltet werden.
Neben die Sicherheit, die jedem Kletterer erstes Gebot sein sollte, stelle ich die Schönheit der Bewegungen, die – um perfekt zu sein – eine hundertprozentige innere Sicherheit voraussetzt. Die Eleganz liegt nun nicht in der Schnelligkeit der Bewegungen, auch nicht in einer speziellen Haltung, Ausrüstung oder Bekleidung, sondern in der Fähigkeit, alles so sorgsam zu überlegen, zu prüfen, daß eine im Fluß der Besteigung ausgeführte Bewegung oder Handlung nicht erst als ein Probieren erscheint.
Einen Bergsteiger nun, der die Jahn-Route am Dritten Sellaturm nach diesen Kriterien klettert, achte ich mehr als einen, der bei jeder dritten Tour im achten Grad stürzt. Ich weiß, daß es nicht leicht ist, sein Tun am Berg an den Kriterien der Eleganz zu orientieren, nachdem es durch Jahrzehnte hindurch vielfach von Leistung und Schwierigkeitsgraden bestimmt war. Und ich weiß, daß es noch schwieriger ist, diese Eleganz zu gewinnen. Nur in vielen Jahren der Erfahrung und Schulung kann sie gefunden werden, wobei die Schwierigkeitsbewertung nur dazu dienen sollte, die jeweils passende Tour zu wählen.

Aufpassen

Aufpassen, aufpassen und nochmals aufpassen, auf jeden Tritt, auf den Himmel, der sich zuzieht, auf den Freund, auf den Rucksack und vor allem auf sich selbst. Dem Bergsteiger wird ein zusätzlicher Sinn zurückgegeben, ein Sinn, der im Unterbewußtsein immer dabeisein muß. Ich sage zurückgegeben, weil ich davon ausgehe, daß ursprünglich alle Menschen diesen Sinn hatten.

Aufpassen, zu jeder Stunde, auf alles rundherum, auf den Weiterweg. Aufpassen, wenn man einen Griff anfaßt, wenn man einen Tritt belastet. Aufpassen, wo man den Rastplatz wählt, aufpassen, während man fotografiert, aufpassen, wenn man kocht. Nach oben, nach unten.

Niemand klettert lange, ohne aufzupassen, und niemand paßt lange auf ohne Gefahren. Die Berge sind voller Gefahren, die wir rechtzeitig erkennen und denen wir ausweichen wollen. Deshalb der zusätzliche Sinn.

Also nicht nur gehen, klettern, schauen ist wichtig beim Bergsteigen, sondern auch – wer hätte das nicht schon gewußt! – aufpassen.

Dieses Abwägen, dieses Achtgeben, von dem das Leben des Bergsteigers abhängt, muß zum eigenen Sinn werden: Umsicht, Vorsicht, Voraussicht.

Aufpassen – einfach aufpassen, ohne Angst zu haben – heißt die Aufmerksamkeit und unser Tun auf die Umstände richten, in denen wir eine Gefahr vermuten. Unsere Aufmerksamkeit auf die Dinge lenken, die unser Dasein bedrohen, und alle übrigen außer acht lassen. Wir tun das nicht bewußt. Es stellt sich von allein ein.

Wir dürfen die Gefahr nicht suchen, sondern müssen sie instinktiv erfassen, fühlen. Wir wissen von vornherein nicht, von woher die Gefahren kommen. Der Bergsteiger weiß, daß er nicht weiß, was ihn erwartet, und das ist mit der größte Reiz bei seiner Betätigung. Will er diesem Reiz aber nicht zum Opfer fallen, muß er eine besondere Aufmerksamkeit als zusätzlichen Sinn haben; eine Aufmerksamkeit, die nicht darin besteht, daß er in allem und überall eine Gefahr sieht, sondern darin, daß er nichts vermutet und nur die Unaufmerksamkeit vermeidet. Es ist dies eine allumfassende Aufmerksamkeit, die nicht auf die eine Stelle gerichtet ist, sondern versucht, immer und überall zu sein.

Der Bergsteiger muß wach sein, auch wenn er schläft. Dieses vollkommene Wachsein ist ein Zustand, in dem auch verfolgtes Wild lebt und der diesem und dem Bergsteiger eine besondere Ausstrahlung gibt. Der Bergsteiger, für den nichts Gefahr ist und alles Gefahr werden kann, sieht alles in seiner Funktion als Erleichterung oder Deckung. Darin liegt nun der Unterschied zum Wettkampfsportler, daß der Marathonläufer zum Beispiel

Gefrorene Wasserfälle werden seit zwanzig Jahren beklettert.

»Alle Wiederholer müßten die Geheimnisse des Weges neu lüften, statt flott und oberflächlich zwischen Mittagessen und Kaffeepause eine athletische Leibesübung zu absolvieren. So aber ist das Gebirge kaum besser als jede Outdoor-Kletterwand mit künstlichen Griffen, ein Konsumgegenstand für eine gedankenlose Konsumgesellschaft, die den Bezug zu Abenteuer und Aura dieser faszinierenden Leidenschaft in freier Natur verloren hat.«

Ken Wilson

»Vom Gesichtspunkt der Umwelt und der ›permanenten Änderung‹ unterscheidet sich eine gänzlich mit Spits eingerichtete Route absolut nicht von einem Klettersteig.«
ALESSANDRO GOGNA

geradeaus sein Ziel verfolgt und nur danach schaut, was ihn dorthin bringt, während der Bergsteiger sich wach halten muß, aufpassen muß, daß er nicht abstürzt, nicht in eine Spalte fällt, nicht von den Steinen erschlagen wird, während er seinem Ziel entgegensteigt.

Genug ist nie genug

Klettern als eine Disziplin der Alpinistik zerfällt heute in Indoor-Klettern, Sportklettern, Freiklettern, alpines Klettern, Eisklettern. Kein Zweig des Bergsteigens hat sich so revolutionär verändert wie gerade das extreme Klettern. Kein Wunder also, daß es um diesen Sport zu Diskussionen, Polemiken, Verboten, ja sogar zu Prozessen gekommen ist.

Einsame Klettergebiete sind geblieben.

Hat sich etwa eine kleine Gruppe von kreativen Grenzgängern bis in eine ausweglose Position verstiegen? Nein. Obwohl das Credo der Sekte der Kletterer die grenzenlose Weiterentwicklung bleibt, ist es der begrenzte Raum für eine noch dazu wachsende Zahl von Nachsteigern, der der Illusion von Grenzenlosigkeit nicht entspricht. Und überall dort, wo das Gleichgewicht gestört ist, werden Klettergebiete gesperrt, Haken abgesägt, Protestmärsche veranstaltet.

»Das Recht auf Freiheit, zu dem auch die Bewegungsfreiheit und damit das Recht auf Betreten der freien Landschaft zählen, ist im Grundgesetz festgeschrieben. Zur Erinnerung: Die Freizügigkeit darf zwar gemäß Artikel 11 Grundgesetz aufgrund eines anderen Gesetzes eingeschränkt werden, aber nur, wenn aus der menschlichen Bewegung der Allgemeinheit besondere Lasten entstehen würden. Eine solche Last könnte auch die Schädigung der Natur durch das Ausleben unserer Freiheit in den Bergen und Felsen sein.«
NICHOLAS MAILÄNDER

Die vielbeschworene Urwüchsigkeit und der blinde Heroismus – welcher verschworenen Gemeinschaft auch immer – können den Fels-, Wald- und Eiszapfensportlern nicht zu ihrem Recht verhelfen, solange sie mit Akku-Bohrer, Schnellkleber und Topo-Führer ganze Felsregionen zu vertikal und horizontal »erschlossenen« Freizeitparks verwandeln. Es ist die »Überdosis«, die zum Ende des menschlichen Tuns am Ökosystem Fels führt. Wenn keine Tabuzonen respektiert werden, kommt früher oder später das Aus für den Klettersport.

Das Angebot an bekletterbaren Felsen ist nicht nur in Deutschland viel zu klein – selbst die Alpen werden nicht ausreichen, wenn sich die Akteure selbst nicht in ihren Mitteln beschränken. Die Erschließungswut, der Absicherungswahn sind es, die aus einem Häufchen Spaziergänger an der Senkrechten ein Heer von Fun-Sportlern gemacht haben, die toprope kaputtmachen, was am natürlichen Fels von Wert wäre, um dann in Scharen zu genießen, was nicht mehr vorhanden ist: Ruhe, Ausgesetztsein, Ungewißheit zwischen Einstieg und Heimweg.

Warum mußte die Lacedelli-Route an der Scotoni-Wand »eingebohrt« werden? Was bringt die Sanierung klassischer Routen außer einer größeren Zahl unerfahrener und oberflächlicher

Wiederholer, die umkommen, sobald Eiseskälte, Steinschlag oder die Nacht »im falschen Moment« über den Berg huschen. In den Alpen verunglücken jährlich mehr als 10 000 Bergwanderer, Kletterer, Skifahrer, mehrere hundert davon tödlich. Es wären weniger, viel weniger, wenn die Alpen weniger erschlossen wären. Das Argument der Absicherung sticht also nicht. Auch das Notrufgerät, das die Alarmierungszeit von früher zweieinhalb Stunden auf fünf Minuten senkt, wird tragische Bergunfälle vermindern helfen und steigern gleichzeitig.

Mit all diesen Sicherungsketten – Hütten, Bohrhaken, Funkgeräten – werden wir am Ende nicht nur unser Tun am Fels kaputtmachen, sondern auch die Felsen selbst. Den schlechtesten Umweltverträglichkeitswert haben heute schon Toprope-Klettergebiete, gefolgt von eingebohrten Sportkletterwänden mit Parkplatz. Nicht »to bolt or not to bolt« ist die Frage, sondern wo und wann wir aufhören mit einem Unfug, der weder dem Alpinismus dient noch der Berglandwirtschaft. Daß die Tourismusindustrie kurzfristig leidet, weil da mehr Routen eingebohrt sind als dort, führt – wie beim alpinen Skilauf – am Ende zum Stahlseilsalat.

Geht in den USA die Politik in Richtung Verbot aller Bohrhaken und festen Anker am Fels, wird in den Alpen ein Alpinist wegen »gemeinschädlicher Sachbeschädigung« verurteilt, nur weil er ein paar mehr oder weniger überflüssige Sicherheitshaken in einer klassischen Kletterführe entfernt hat. Während da eine Wilderness-Vorstellung auf jegliche bleibende Menschenspur verzichten will – also keine Hütten, Markierungen, Brücken, Radioumsetzer –, wird andernorts weiter auf Erschließung gesetzt: nichtrostende Bohrhaken, über Satellit vernetzte Funktürme, Biwak- und Hüttennetz alpenweit. Gerade weil wir in Europa so viele auf engem Raum sind, wäre ein amerikanischer Wilderness-Zugang vernünftiger. Es scheint aber, daß nach bald 150jähriger Erschließung nicht genug ist.

Ich respektiere die Tradition der Alpenvereine, erwarte aber, daß die Umkehrung des einstigen Trends – Bewahrung der Alpen mit ihren ursprünglichen Werten statt Erschließung der Alpen für alle – ernstlich verfolgt wird. Die Aufgabe der Alpenvereine heute ist vor allem eine politische, da es auch um Interessenvertretung geht. Es wird viel Aufklärungsarbeit kosten, das Tun aller Alpinisten in Bahnen zu lenken, die das Klettern weiterhin ermöglichen. Klettern in der Natur war immer ein Luxus, und nur wenn es nicht allen möglich gemacht wird, können jene Luxusgüter verteidigt werden, die ohne Gefahr und Mühe nie zu haben waren und zu haben sein werden.

»Der Alpenraum ist – mit Ausnahme der vegetationsfreien Fels- und Gletscherregionen – seit Jahrhunderten keine Naturlandschaft mehr, sondern eine Kulturlandschaft, deren ökologische Stabilität und Vielfalt einer kleinräumig angepaßten Bewirtschaftung bedarf, soll sie erhalten werden.«
WERNER BÄTZING

Das Münchner Haus auf der Zugspitze, Wettersteingebirge, Deutschland

»Zur Aufführung von Mauern (für neue Hütten), zu Sprengarbeiten in Felsen eignen sich besonders italienische Arbeiter, die vortrefflich mit Bohrer und Dynamit umzugehen wissen …«
JOHANN STÜDL

»Profillosigkeit der Ferienzentren: Jede Gemeinde bietet alles an, offeriert den Besuchern einen zusammengewürfelten Bauchladen an Aktivitäten und ist somit vollkommen austauschbar geworden – Beliebigkeit und nicht das Argument, wegen der einen Stärke oder des einen Charakteristikums in einen bestimmten Ort fahren zu müssen, ist der stärkste Eindruck, der bei potentiellen Besuchern hervorgerufen wird. Oberstes Prinzip im Kampf um Touristen ist dabei die Nachahmung bis zur Selbstverleugnung.«
JAKOB STROBEL Y SERRA

»Südtirol reicht ja von Salurn bis zum Brenner oder, wenn man will, bis zum Ortler. Und für dieses ganze Gebiet fühlen wir uns zuständig, um die Kulturlandschaft – Naturlandschaft gibt es bei uns ja keine mehr – zu erhalten.«
EDMUND GASTEIGER
(UMWELTREFERENT
IM ALPENVEREIN SÜDTIROL)

Alpinismus und Tourismusindustrie verfolgen gegenläufige Interessen. Wo das der zweiteren aufhört, beginnt das des ersteren. Wenn wir alle Urlandschaft den touristischen Interessen opfern, bleibt für uns Alpinisten kein Raum, und wenn wir den Tourismus nicht in die Berglandwirtschaft integrieren, geht die Kulturlandschaft kaputt.

Zwischen Niederung und Höhe

»Um uns Natur – wir mittendrin« ist das Motto der Alpenvereinsjugend in Südtirol, die mit ihrem Aktionismus am »Fun-Park Alpen« mitbaut, ohne sich dessen bewußt zu sein. Nachdem dieser Alpenverein Berghotels auf den Kronplatz und mitten in das Skigebiet »Meran 2000« gebaut hat, beklagt er zwar den Verlust aller Naturlandschaft in Südtirol und glaubt, mit populistischen Sprüchen die Talsohlen verteidigen zu müssen, brauchbare Vorschläge zu einem naturverträglichen Alpentourismus hat er aber nicht.
Es geht um das menschliche *und* das ökologische Maß. Die Nutzung der Alpenwelt durch eine Millionenschar von Konsumenten muß dort aufhören, wo der Mensch auf Dauer nie gelebt hat und nicht leben kann, in den Hochgebirgsregionen, wo kein Getreide wächst, keine Rohstoffe zu holen sind. Die Güter dort – Raum, Ruhe, »Urnatur« – sind nur etwas wert, wenn sie wenigen zugänglich bleiben, denen, die sich den Mühen und Gefahren aussetzen, hinaufzusteigen, wohin der Mensch nicht gehört. Wie die Alpenlandschaft Stück für Stück verbaut, verbraucht, ausverkauft und kaputt zurückgelassen wird, kann allerorts besichtigt werden, wo Landschaft lediglich als Ressource für den Tourismus verstanden wird. Finanz-Holdings mit ihrem Konsumentenheer im Schlepptau werden zu Landschaftsfressern, wenn es nicht umgehend zu alpenweiten Bauverboten im Hochgebirge kommt.
Noch haben nur kleine Teile der Hochalpen Vergnügungsparkcharakter, als Summe sind sie der größte Rummelplatz der Welt: mit überfüllten Parkplätzen, kilometerlangen Staus, Lärm, Hektik und Aktionismus zwischen Himmel, Kletterwand und Schluchtgrund. Luftverschmutzung und Lärmbelästigung sind dort oft höher als in den Ballungszentren, aus denen all die Erholungssuchenden in die Alpen drängen. Dieser Alptraum, der sich da und dort wie eine Krebsgeschwulst im ehemaligen Hindernis Alpen ausbreitet, darf keine weiteren Metastasen bilden, sonst kommt es zum Kollaps.

Es wird nicht die Öko-Elite sein, die die Alpen rettet, sondern der Konsumverweigerer aus Sparsamkeit, der sich mit einem Lager auf der Hütte, mit Brot und Käse beim Bergbauern begnügt und sonst auf seinen zwei Beinen unterwegs ist. Die Öko-Schickeria – mit den Fahrrädern auf dem Dachgepäckträger in die Alpen, mit der Seilbahn zum Gipfel, mit dem Heli untertags zum Skifahren und abends ins Casino – löst keine Probleme, sie schafft welche. Der diffizile Spreizschritt von einer Berglandwirtschaft, die dem Niedergang zutreibt, zur Urlandschaft, die immer mehr überrannt wird, bleibt unserer Generation und unserer Verantwortung überlassen.

Schlernhäuser auf dem Schlernplateau, Dolomiten, Südtirol

Wir brauchen keine Gletscherskigebiete, keine künstlichen Seen, keinen künstlichen Schnee, keine künstlichen Felswände, um die Bergbauern oben zu halten. All das gehört in die Nähe der Stadt, solange wir es uns leisten können und die Energieressourcen reichen. Im Gebirge, zwischen Talsohle und Hochalm, braucht es den »sanften Touristen«, der bekommt und bezahlt, was der Landwirt produziert, auf daß dieser bleiben kann, wo er seit Generationen war.

Der Zusammenbruch der Berglandwirtschaft wäre für den Umweltschutz ein zentrales Problem und teuer für uns alle. Ökobauern, die sich in Marktnischen behaupten, Dorfgemeinschaften, die das Obenbleiben gemeinsam versuchen mit der Verzahnung von Tourismus und Landwirtschaft, sind die wahren »Helden« der Berge. Die vielen Knödel- und Polentafeste, bei denen es um nichts anderers geht als um den Eintrag ins Guinness-Buch der Rekorde, sind so lächerlich wie viermal am Tag aufs Matterhorn oder 15 000 Höhenmeter am Hundskogel in 15 Stunden.

»Im Vergleich mit etablierten und breit akzeptierten Sportarten wie zum Beispiel Skifahren schneidet das Klettern bezüglich Umweltschäden sehr gut ab. Die Frage ist nur, ob das so bleibt, wenn die Entwicklung zum Massensport weiter anhält. Der Trend zu immer besser abgesicherten Routen, der auch von kommerziellen Anbietern gefördert wird, führt zu Klettergartenkomfort im Hochgebirge und damit zu einem weiteren Absinken der Hemmschwelle für weniger erfahrene Kletterer, was ohne Zweifel die Zahl der diese Tätigkeit ausübenden Personen erhöht.«
Nikolaus Schranz

Wo sind die von jungen Kletterern wiederbelebten Berghöfe im Trentino, in den südlichen Dolomiten, in den ligurischen und französischen Alpen, wo gearbeitet, gestaltet, geklettert werden könnte – alles vor der Haustür, fast das ganze Jahr über, und ganz nebenbei zur Rettung der Alpen? Ich habe nichts gegen die künstliche Kletterwand, die 365 Tage im Jahr offensteht – temperaturgeregelt, trocken, geputzt –, die Probleme der Alpen aber löst sie nicht.

Verlangsamung, Intensität, Gegenwart hier und jetzt wären eine Option für ein Zeit-Weg-Diagramm »Zurück in die Berge«. Nicht Aktionismus, Beschleunigung, Streß.

Aber wer verbringt heute schon drei Wochen Urlaub in einem abgelegenen Gebirgstal? Alle fliehen, was von Dauer ist, alle umgehen, was Mühe kostet. Viele hetzen nur von Kick zu Kick. Wer kann die eigentlichen Probleme überhaupt sehen?

Manchmal möchte ich,
daß ich es könnte
wie andere:
einfach aufgeben.
Manchmal,
wenn um ein Uhr nachts
der Wecker klingelt,
würde ich lieber liegenbleiben.
Manchmal,
wenn es kalt ist, beim Biwak,
wäre ich lieber daheim.
Oft habe ich Angst,
und manchmal frage ich mich,
warum ich die Bergsteigerei
nicht an den Nagel hänge.

Nach Tagen aber oder Wochen,
wenn die Finger
wieder heil sind,
wenn ich voller Sehnsucht
durch die engen Straßen
der Stadt laufe
und nach etwas anderem suche,
bin ich froh,
daß es die Berge gibt.

K2 und Broad Peak
im Karakorum, Pakistan

Was ich tue

»Eine Strategie, die menschliches Wirtschaften und Umweltschutz als totalen Gegensatz auffaßt und die daher das Anliegen des Umweltschutzes durch Einschränkung oder gar Einstellung aller wirtschaftlichen Tätigkeiten durchsetzen will, muß zwangsläufig mit den Interessen der einheimischen Bevölkerung kollidieren.«
WERNER BÄTZING

»Daß Indianer die Natur von Natur aus achten, glauben viele Umweltaktivisten. Deshalb sind die amerikanischen Ureinwohner zu Werbeträgern für grüne Ideen geworden. Die ›Rainbow Warriors‹, die Regenbogenkrieger, die den Greenpeace-Schiffen den Namen geben, sollen aus indianischen Mythen stammen. Für Kinder gibt es einen Klub der ›Umweltindianer‹, und auf Autohecks prangen die ökologischen Ermahnungen weiser Häuptlinge.«
WOLFGANG KRISCHKE

- Als Südtiroler stecke ich mitten in der Problematik.
- Auch weil die alpine Berglandwirtschaft in einer ökonomischen und ökologischen Krise steckt, betreibe ich zwei Bergbauernhöfe, in Juval und in Sulden.
- Dies ist ein punktueller Versuch zur Gesundung der Landwirtschaft im Alpenraum.
- Die Frage ist dabei, ob sich Ökolandbau rechnet und wie er mit dem Tourismus verzahnbar ist.
- Zuallererst bin ich Bergbauer, dann erst Bergsteiger. Ich verantworte also zwei Landwirtschaftsbetriebe von einer halben Million Höfe jener Größe, die in den Alpen von Überlebensproblemen geplagt sind.
- Um Kosten und Energie zu sparen, saniere ich nur alte, gewachsene Strukturen.
- Auch Burg Juval, als Halbruine erworben, wurde von mir saniert und als Kulturgut der Öffentlichkeit zugänglich gemacht.
- Juval ist kein austauschbares Freizeitangebot, sondern ein Versuch, einen steilen Hügel in Südtirol in umwelt- und sozialverträglicher Form umzugestalten, so daß er längerfristig auch ökonomisch überleben kann.
- Der Yakhof in Sulden soll eine Familie ernähren.
- Mir als Atomkraftgegner ist von der Landschaftsschutzkommission das Anbringen von Windrädern und Solaranlagen zur Energiegewinnung auf Juval verboten worden.
- Ökologie ist für mich keine Zauberformel gegen ein Weltbild im Niedergang; sie hängt mit hinterfragen, umdenken, umstellen zusammen.
- Um nachdenken zu können, gehe ich in die Berge vor meiner Haustür.
- Da ich im Gebirge wichtige Entscheidungen fürs Leben getroffen habe und der Großteil der Gebirgslandschaft intakt ist, gehe ich weiterhin in die Berge.
- Die Reisen und Expeditionen werden bei mir weniger und länger.
- Überlaufene Gebiete habe ich immer gemieden, und es wird immer leichter, sie zu meiden.
- Bohrhaken, Sauerstoffgeräte, auch das Handy habe ich selbst nie mitgenommen. Ich werde weiter ohne diesen Ballast auskommen oder daheim bleiben.
- Da ich beim Bergsteigen höchstens mich selbst als Rivalen habe, lehne ich jede Form von Wettkampf im Gebirge ab.

»Mit jeder dieser so glorifizierten Taten zerstören Sie einen Teil unserer Umwelt bzw. vermitteln die Möglichkeiten dazu und nehmen diesbezüglich eine Vorreiterrolle ein. Den Sherpas zerstörten Sie die Mythen und zeigten den Glaubenden die Rationalität. Mit Ihnen wurde das Unglaubliche machbar, die Grenzen des Erlebbaren weiter vorgeschoben, die Barriere der Scham und des Taktes vor unserer Umwelt niedergerissen.«
GÜNTER KLATT IN EINEM BRIEF AN REINHOLD MESSNER

Im Vinson-Massiv, Antarktis, sowie in tausend anderen Gebieten stehen unbestiegene, selten besuchte, unbekannte Berge in Millionenzahl.

- Es bleibt dabei: Wandertage oder Volksmärsche dürfen nicht nach mir benannt werden.
- Als Pragmatiker, auch in Sachen Umwelt, bemühe ich mich um reale Veränderung, nicht nur um Gespräche.
- Nie bin ich bisher im Gebirge auf Beschränkungen gestoßen. Ich gehe nur dorthin, wo es keine Verbote gibt.
- Immer noch setze ich mir das subjektiv Unmögliche zum Ziel, um das gerade noch Mögliche zu erreichen.
- Nach wie vor begleite ich Freunde ins Gebirge. Bergführer bin ich nicht mehr.
- Führer schreibe ich keine mehr. Meine beiden Klettersteigführer ließ ich nicht wieder auflegen.
- Patentkonzepte habe ich nicht. Jedes meiner Projekte wird zwar hinsichtlich der Umweltverträglichkeit geprüft und auf sein Umfeld abgestimmt, bleibt aber Versuch.